人工影响天气业务丛书

贵州省人工影响天气业务系统集成与应用

贵州省人工影响天气办公室 组编

主编：李 勇 刘国强

内容简介

为全面总结人工影响天气业务系统建设经验，贵州省人工影响天气办公室组织编写了本书，汇集了贵州省人工影响天气办公室多年来的技术研究成果和应用实例，第 1 章介绍系统概况，第 2 章介绍作业决策分析系统，第 3 章介绍作业指挥与信息共享平台，第 4 章介绍作业空域管理系统，第 5 章介绍物联网管理系统，第 6 章进行系统总结。书中穿插多个系统应用案例，并配有大量图片，通俗易懂，图文并茂，可供全国人工影响天气信息系统管理人员和技术人员阅读参考。

图书在版编目（ＣＩＰ）数据

贵州省人工影响天气业务系统集成与应用 / 李勇，刘国强主编. — 北京：气象出版社，2022.4
（人工影响天气业务丛书）
ISBN 978-7-5029-7690-3

Ⅰ. ①贵… Ⅱ. ①李… ②刘… Ⅲ. ①人工影响天气－管理信息系统－贵州 Ⅳ. ①P48

中国版本图书馆CIP数据核字(2022)第061336号

贵州省人工影响天气业务系统集成与应用
Guizhou Sheng Rengong Yingxiang Tianqi Yewu Xitong Jicheng yu Yingyong

出版发行：	气象出版社		
地　　址：	北京市海淀区中关村南大街 46 号	邮政编码：	100081
电　　话：	010–68407112（总编室）　010–68408042（发行部）		
网　　址：	http://www.qxcbs.com	E-mail：	qxcbs@cma.gov.cn
责任编辑：	彭淑凡　郭健华	终　　审：	吴晓鹏
责任校对：	张硕杰	责任技编：	赵相宁
封面设计：	地大彩印设计中心		
印　　刷：	北京建宏印刷有限公司		
开　　本：	710 mm×1000 mm　1/16	印　　张：	5.25
字　　数：	106 千字		
版　　次：	2022 年 4 月第 1 版	印　　次：	2022 年 4 月第 1 次印刷
定　　价：	100.00 元		

本书如存在文字不清、漏印以及缺页、倒页、脱页等，请与本社发行部联系调换。

编 委 会

主　编：李　勇　刘国强
副主编：黄浩隽　邹书平　文继芬　罗喜平　张　萍
　　　　　彭宇翔　周丽娜　刘　伟　许　弋　汪　丽
成　员：曾　勇　黄　钰　李　玮　崔　蕾　饶　莲
　　　　　李怀志　张小娟　李　皓　刘　涛　罗　雄
　　　　　卫　虹　陈　林　唐辟如　贺　艺　喻乙耽
　　　　　李枚曼　鲁玫君　田红玲

前 言

2015年，中国气象局全面实施人工影响天气业务现代化建设三年行动计划，贵州省各级人工影响天气部门紧扣业务发展方向，构建"横向到边"的过程预报、潜力预报、监测预警、跟踪指挥、效果检验五段实时业务，形成"纵向到底"的省级指导、市级预警、县级指挥、炮站四级业务流程，人工影响天气业务能力和服务效益得到显著提升。2016年全国人工影响天气主任会议和2017年全国气象局长会议期间，贵州省分别进行业务全流程和弹药物联网系统展示，得到中国气象局领导充分肯定。2018年，贵州省在全国人工影响天气业务现代化和安全管理行动计划终期评估获得"双优"。

为全面总结人工影响天气业务系统建设经验，贵州省人工影响天气办公室组织编写"人工影响天气业务丛书"之《贵州省人工影响天气业务系统集成与应用》分册，汇集贵州省人工影响天气办公室多年来的技术研究成果。第1章介绍系统概况，由李勇、刘国强编写；第2章介绍作业决策分析系统，由黄浩隽、罗喜平、周丽娜、许弋、汪丽、张小娟、李皓编写；第3章介绍作业指挥与信息共享平台，由刘国强、邹书平、彭宇翔、曾勇、李玮、李怀志、刘涛、罗雄、李枚曼编写；第4章介绍作业空域管理系统，由黄浩隽、张萍、崔蕾、饶莲、唐辟如、卫虹、陈林编写；第5章介绍物联网智能管理系统，由刘国强、文继芬、彭宇翔、刘伟、贺艺、喻乙耽、鲁玫君、田红玲编写；第6章进行系统总结，由刘国强、彭宇翔、曾勇编写。

本书在编写过程中，得到了中国气象局应急减灾与公共服务司、中国气象局人工影响天气中心和各省（区、市）人工影响天气部门的指导和帮助，在出版过程中，得到了气象出版社的大力支持，在此一并表示感谢。

下一阶段，贵州省人工影响天气办公室将依托全国人工影响天气"耕云计划"的实施，全面推进人工影响天气融入气象业务，切实提升人工影响天气作业科技水平，不断完善人工影响天气业务技术规范，着力加强人工影响天气人才队伍建设，充分发挥具有特色的技术示范作用。

因时间和水平有限，加之人工影响天气业务技术不断进步和发展，书中难免存在疏漏之处，敬请专家、读者批评指正。

编委会

2020 年 10 月

目 录

前言

第 1 章　贵州省人工影响天气业务系统概述 ············ 01
1.1　建设背景 ·· 01
1.2　建设进展 ·· 02
1.2.1　建设内容 ·· 02
1.2.2　建设过程 ·· 03
1.3　建设成效 ·· 03
1.3.1　技术成果 ·· 03
1.3.2　技术创新点 ··· 04
1.3.3　应用实效 ·· 05

第 2 章　作业决策分析系统 ································ 06
2.1　系统概述 ·· 06
2.1.1　系统建设成果 ··· 06
2.1.2　系统建设原则 ··· 08
2.1.3　系统应用特色 ··· 09
2.2　系统总体设计 ··· 09
2.2.1　人影业务流程 ··· 09
2.2.2　人影数据产品体系 ·· 11
2.2.3　系统总体框架 ··· 11
2.3　系统业务功能 ··· 12
2.3.1　个例背景 ·· 13
2.3.2　作业潜力预报 ··· 14
2.3.3　作业方案设计 ··· 18
2.3.4　作业条件监测分析 ·· 20
2.3.5　作业预警指挥 ··· 25
2.3.6　作业效果分析 ··· 27

第 3 章　作业指挥与信息共享平台 ························ 37
3.1　系统概述 ·· 37
3.2　系统设计 ·· 38

I

3.2.1　平台模型 ································· 39
　　3.2.2　网络部署 ································· 40
3.3　系统功能 ······································ 41
　　3.3.1　基础功能开发 ······························ 42
　　3.3.2　特定功能开发 ······························ 43
　　3.3.3　流程功能开发 ······························ 44
　　3.3.4　接口功能开发 ······························ 46

第 4 章　作业空域管理系统 ························ 48

4.1　系统概述 ······································ 48
　　4.1.1　建设原则 ································· 48
　　4.1.2　建设内容 ································· 49
4.2　系统功能 ······································ 49
　　4.2.1　总体功能 ································· 49
　　4.2.2　总体结构 ································· 50
　　4.2.3　总体布局 ································· 52
4.3　系统建设 ······································ 54
　　4.3.1　空管—省级系统 ····························· 54
　　4.3.2　国家级—区域级—省级系统 ····················· 58
　　4.3.3　省级—市（州）级—县级—炮站系统 ·············· 60

第 5 章　物联网智能管理系统 ····················· 63

5.1　系统组成 ······································ 63
　　5.1.1　下位机 ··································· 65
　　5.1.2　服务器通信系统 ····························· 66
　　5.1.3　上位机 ··································· 67
　　5.1.4　身份卡 ··································· 67
5.2　系统流程 ······································ 67
　　5.2.1　工作流程 ································· 67
　　5.2.2　主要环节 ································· 68

第 6 章　小结 ··································· 72

6.1　主要成果 ······································ 72
6.2　未来发展 ······································ 73

参考文献 ·· 74

第1章 贵州省人工影响天气业务系统概述

1.1 建设背景

随着社会经济的飞速发展，人工影响天气（简称人影）在增雨防雹和重大活动保障中的社会需求日益彰显，已上升为各级党委、政府应对气象自然灾害、保障人民生命财产安全、应对水资源压力、保障社会经济可持续发展的"民心工程"，越来越受到各级领导的重视和广大群众的关注。但随着炮站数量的增多、作业工具的演变、探测系统的发展以及计算机的日益普及和应用，人工影响天气现有的作业条件判别、作业指挥方式和作业信息流程已无法满足业务快速发展的要求，在此背景下，为切实提升贵州省人工影响天气的科技含量和服务水平，贵州省人工影响天气办公室在充分依托气象业务系统的基础上，利用气象学、云物理学和人工影响天气等方面的最新研究成果，通过配置适当的硬件设备和开发相应的软件系统，研究开发适合本地特点的集作业条件分析、作业方案设计、作业预警指挥、作业实时监控、作业效果评估和作业信息管理于一体的新一代人工影响天气综合业务系统，并通过系统之间的有机融合与技术集成，初步构建起功能完备、分工明确、责任清晰、信息畅通、流程规范的人工影响天气业务技术体系。

人工影响天气是一项系统工程，要达到预期的作业目的，除要因地制宜进行周密计划、科学组织外，还要准确及时地获取、处理各类信息，快速决策指挥作业，高效完成各业务环节。过去国内已有许多专家对此进行了积极的尝试[1-17]，但真正要设计出既符合当前人工影响天气科学发展趋势，又具有本地化特色的业务系统却并非易事，在设计与开发上要注重集约化和流程化，通过构建统一的平台将决策、指挥、协调、实施的各类信息进行无缝衔接，采用自动和人机交互相结合的方式，以规范的流程进行分工和任务的有机串联，同时突出本地特色，实现各级有所侧重地协调发展。在此指导思想下，贵州省人工影响天气业务系统坚持全面开放的宗旨，系统建设考虑采用当前主流成熟的技术，并且所采用的技术能够在今后相当长的一段时间内保持领先水平，遵循可持续发展的业务模式，并通过不断完善硬件环境和软件支撑，全面建设一个新的规范化的人工影响天气工作体系。同时，随着业务的不断变化和发展，无论是新的服务，还是新的应用模块，都可以通过快速设计、快速开发，迅速部署在运行环境中，使系统不仅是在当前的一段时期内，更能够在较长的时间跨度里持续发挥作用。

1.2 建设进展

1.2.1 建设内容

在现代气象业务体系支撑下，依托公共信息高速公路和高性能计算机进行统一部署，按照省—市—县—炮站业务流程整合相应功能，充分融汇多个科研机构和管理部门的工作思路，面向各级指挥中心的不同技术需求，将业务和管理双重功能融为一体，建立具备统一技术标准且简便、实用的业务流程。开发作业决策分析系统、作业指挥及信息共享平台、作业空域管理系统、物联网智能管理系统四个子系统，分别承担相应业务层级和业务角色的功能。作业决策分析系统是核心，决定在哪作业、如何作业，部署在省级，同时获取国家级云降水精细化分析的相关指导产品；作业指挥及信息共享平台是枢纽，实现各级之间业务产品和信息的实时交互，采用省级统一部署后台的 B/S 方式，省、市、县、炮站按照相应权限进行网页的浏览和操作；作业空域管理系统是条件，决定作业能否实施，硬件分别部署在省级和空管，同时与国家级作业空域管理系统连接；物联网智能管理系统是基础，将作业现场的相关情况第一时间反馈到上级指挥中心，硬件部署在炮站，后台部署在省级，同时与国家级作业信息采集系统连接。各个层级和环节在各级业务平台的大屏显示系统进行集中展示，便于领导决策和指挥人员综合分析。项目总体结构如图 1-1 所示。

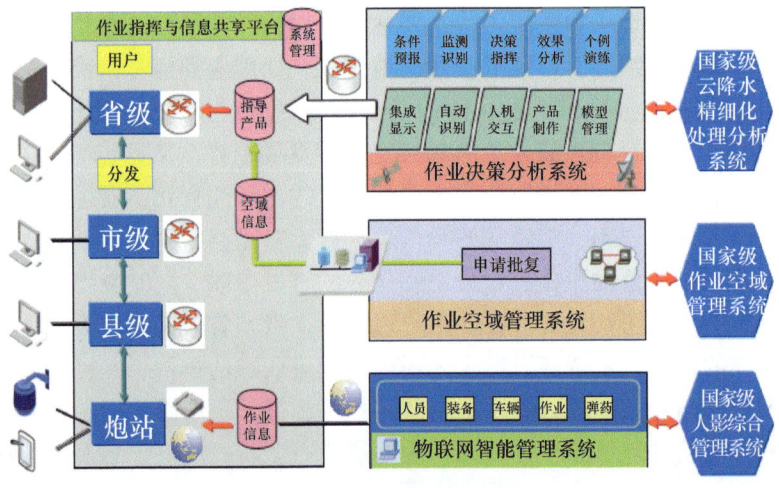

图 1-1 贵州省人工影响天气业务系统集成总体结构图

1.2.2 建设过程

系统建设始于2012年，止于2014年。2015年进入成果转化应用阶段。

（1）2012年度：制定实施方案。贵州省人工影响天气办公室专程前往北京、山西和河南进行调研，并与中国气象局人工影响天气中心进行沟通，了解中国气象局人工影响天气业务发展思路，组织编制"贵州省人工影响天气业务系统集成实施方案"，将项目分为四个子系统，包括作业决策分析系统、作业指挥与信息共享平台、作业空域管理系统、物联网智能管理系统，并分别编制建设方案，正式启动系统建设。

（2）2013年度：开展项目建设。搭建人工影响天气业务系统集成的运行环境和通信链路。完成基于云降水精细化分析技术的省级作业决策分析系统建设。完成基于作业指挥与信息共享平台的市（州）、县技术人员培训，将系统产品投入试运行。完成物联网智能管理系统在安顺、遵义的试点工作。11月，南方12省干旱人工影响天气服务技术总结交流会在贵阳召开，项目组向与会的各位领导和专家进行了业务系统演示汇报。中国气象局将贵州列为全国人工影响天气业务系统建设首批试点省份。

（3）2014年：凝练技术成果。项目组在2009年中国气象局气象新技术推广项目"人工影响天气作业指挥调度及安全监控系统技术推广"（编号：CMATG2009MS36（1））和贵州省气象局业务发展重大科技专项"贵州省人工影响天气集成系统一期工程"（编号：黔气科合ZD〔2010〕03号）的基础上，结合本项目的研究工作和服务效益，凝练"贵州省人工影响天气业务体系关键技术研究及应用"技术成果，获得2014年度贵州省科学技术进步三等奖。

1.3 建设成效

1.3.1 技术成果

（1）作业决策分析系统。利用目前可获取的观测资料，实现多种信息融合处理和集成显示，并结合中国气象局人工影响天气中心提供的云模式产品和卫星反演产品，进行深入的本地化应用研究，实现云降水的实时精细分析、地面作业预警指挥、增雨防雹效果分析和专题服务产品制作等业务功能，构建省级人工影响天气作业决策分析系统。作业决策分析系统包括观测数据采集、作业潜势预报、作业条件判别、作业方案设计、作业预警指挥、作业状态监控、作业效果评估检验等一套完整、科学的人影业务流程，在整个人工影响天气业务系统中起到关键核心作用。

（2）作业指挥与信息共享平台。通过研发省—市—县—炮站四级人工影响天气作业指挥与信息共享平台，构建基于计算机网络和移动通信技术的新一代人工影响天气指挥系统，改善传统的电台、电话的口语通讯方式，将手工记录方式向自动化、电子化的计算机辅助作业指挥方式稳步转变，充分利用公网资源和已有成熟技术，避免重复建设。系统的功能包括指导产品分发、作业预警发布、空域信息交互、作业方案建议、作业情报收集、作业状态显示、作业实景监控、作业集群对话、炮站通信终端和综合信息管理，并进行平台化整合，建立统一的信息交互和数据共享服务器。

（3）作业空域管理系统。通过让飞行管制部门及时准确地掌握作业天气变化和人影作业申请区域，解决空域协调难、作业时限短的问题，实现实时接收申请、批复申请，同时对人影作业进行跟踪监测，及时了解人影作业的状态，这样既可以有效地防止由人影作业对飞行安全造成的影响，同时可从流程上提高人影作业审批的效率，实现人影作业空域管理信息化。平台以计算机及相关设备为基础，通过固定、移动通信网络组成的系统提供监控手段，实现省级人影作业指挥中心和军民航空中交通管制部门之间有效的信息自动生成、处理、传递和显示。

（4）物联网智能管理系统。开发人工影响天气物联网智能管理系统，利用RFID、GPRS、GPS和GIS技术，通过有效的传输网络，使作业现场与指挥中心进行实时交互，对人员、装备、弹药的相关信息进行采集，实现对WR-98型火箭弹从装备、弹药的生产、运输、仓库到货检验、入库、出库、调拨、库存盘点等各个作业环节的自动化跟踪监测与管理，以及对参与其中的相关人员进行全方位的信息追踪与控制，确保管理人员能及时准确地掌握装备、弹药、人员的实时状态，及时地作出科学有效的决策。

1.3.2 技术创新点

（1）开放式设计，对外合作交流。气象部门的大部分科研成果存在封闭式、无法充分运用于业务的缺点，且受个人因素制约，缺乏进一步提升和发展的空间。人工影响天气业务系统集成坚持全面开放的宗旨，广开对外交流合作的渠道，整个业务平台的技术资料将全部公开，免费移植，硬件定期维护，软件互动升级，遵循可持续发展的业务模式，并通过不断完善硬件环境和软件支撑，全面建设一个新的规范化的人工影响天气工作体系。

（2）依托公共信息高速公路进行建设。人工影响天气业务系统集成以硬件为支撑，依托计算机网络和数据库实现远程通信和信息共享，使各种系统在业务平台上运行，随时监测天气动向，并根据观测分析结果实施作业预警和指挥，系统充分融汇多个科研机构和管理部门的工作思路，面向各级指挥中心的不同技术需求，将业务和管理双重功能融为一体，建立具备统一技术标准，且简便、实用的业务流程,并将业务平台建设系统化、产品化、成果化,利于在更大范围的全面推广。

(3) 子系统有机集成,体现可持续发展。人工影响天气业务系统集成以作业决策分析系统、作业指挥与信息共享平台为核心,针对传统通信方式不能适应日益增长的大规模作业调度要求,炮站作业缺乏科学性和安全性的问题,引进高可靠性的数字化装备、高性能的数据储存和管理工具以及电子化的数据图形技术,构建起基于计算机网络和软件开发技术的新一代人工影响天气业务平台,子系统之间通过接口开发和网络建设实现联合运行,数据共享。

1.3.3 应用实效

(1) 中国气象局和贵州省委、省人民政府高度肯定。2013 年,中国气象局人工影响天气中心将贵州列为人工影响天气业务系统建设示范省份。经省气象局呈报省政府的《关于 2013 年夏旱期间人工增雨抗旱服务情况的报告》得到刘远坤副省长批示肯定,其中部分素材是通过业务集成系统制作。同时,经省科技厅批准,"贵州省冰雹防控工程技术研究中心建设"项目正式启动,人工影响天气业务系统作为重要内容列入其中。2015 年,中国气象局将贵州作为全国人工影响天气作业装备弹药全程监控应用示范项目的四个试点省份之一。2016 年全国人工影响天气主任会议和 2017 年全国气象局长会议,贵州分别进行了系统演示和产品展示,得到中国气象局领导充分肯定。2017 年,贵州在全国人工影响天气业务现代化建设三年行动计划中期评估获得优秀,排名全国第二。2018 年,贵州在全国人工影响天气业务现代化和安全管理行动计划终期评估获得"双优"。

(2) 项目成果有效提升科技支撑能力。作业决策分析系统依托基本气象业务体系实现对作业云系的监测和识别,形成具有业务指导意义的产品,提高了作业设计、实时指挥和效果分析的科学化水平;作业指挥与信息共享平台按照各级不同角色的工作进行功能整合,构建起统一部署、操作便捷的开放式 B/S 共享平台;物联网智能管理系统采用无线射频识别技术,对弹药和装备各使用环节进行自动采集跟踪,提高了作业安全管理水平;大屏显示系统能将业务平台上任意屏幕推送到大屏进行显示,是省级人工影响天气作业指挥的主要硬件支撑;作业空域管理系统在省人影办与民航空域管制部门之间建立专线连接,提高空域申报批复时效性和空域批复成功率,使空域信息化管理能力、航空安全管理能力等都得到了很大提高。

下一阶段,项目还需加快推进在作业空域申报系统方面的建设,加强与国家级和区域级人工影响天气业务系统的技术衔接,深入开展系统研究成果的业务转化,并通过强化对市(州)、县的业务技术培训,使贵州省人工影响天气业务系统集成的技术成果真正在实际工作中对提高全省人工影响天气业务水平和服务能力发挥积极、有效的推动作用。

第 2 章　作业决策分析系统

2.1　系统概述

在人工影响天气业务系统集成中，作业决策分析系统是系统运行的核心，通过它完成各类信息的采集、加工处理，各级作业方案设计和决策，跟踪指挥，作业效果分析，产品制作等。针对天基、地基、空基等多种观测资料和云反演产品、雷达产品、探空产品、融合产品等多种产品，建设以云物理精细分析技术为核心的贵州省级人工影响天气作业决策分析系统，实现人工影响天气的多源数据采集、云参数反演、数据集成显示、作业条件预报分析、作业条件监测识别、作业方案设计、作业效果分析、产品制作等功能，全面提高贵州省省级云物理精细化分析水平和人影业务作业决策的技术水平。

2.1.1　系统建设成果

系统建设主要成果包括人影综合数据库和人影作业决策分析系统。

（1）人影综合数据库

通过日常业务化运行，在省级人影数据服务器上逐步建成了人影综合数据库，数据量近 1 TB。包括以下资料。

①观测数据分库

包括雷达基数据、FY2 卫星数据、L 波段探空秒数据、高空观测数据、地面观测数据等。

②云物理特种观测分库

包括飞机探测资料、雨滴谱资料、GPS/MET 资料、飞机作业轨迹、微波辐射计等。

③指导、分析和决策产品分库

包括中尺度云模式 MM5_CAMS 产品、潜力区产品、作业目标区产品、飞机作业方案、地面预警方案、专题图产品、简报、服务材料等。

④典型过程作业个例分库

完整保存若干个重要过程从前期到结束后得到的观测、分析、决策指挥作业等数据资料。

（2）人影作业决策分析系统

包括数据产品采集管理子系统、卫星云参数反演子系统、雷达三维分析子系统、数据融合处理子系统、数据集成显示子系统、作业条件预报分析子系统、作业条件监测识别分析子系统、作业方案设计和决策子系统、作业跟踪监控子系统、作业效果分析子系统、产品制作子系统。

①数据产品采集管理子系统

基于贵州省气象局的常规观测资料、基本气象观测网资料、云物理特种观测资料等，设置多个数据库链接接口，实现数据采集、数据获取功能，建立人影综合数据库。

②卫星云参数反演子系统

依托卫星、探空资料，针对贵州区域云结构特点，优化云特征参数的获取反演技术，获取贵州区域云顶高度、云底高度、云粒子半径、云光学厚度、过冷层厚度等云结构特征参量产品。

③雷达三维分析子系统

根据雷达拼图技术、雹云识别技术、作业预警指标和作业参数测算的研究成果，实现雷达三维分析处理功能，提供多雷达三维拼图产品、人工防雹作业参数生成产品、人工增雨作业参数生成产品。

④数据融合处理子系统

应用数据处理融合技术，对各类取得的相关数据进行综合、处理、融合；实现采集的各种观测、探测资料的规范化、标准化、格式化。

⑤数据集成显示子系统

实现卫星数据、卫星反演产品、雷达基数据（PPI、CAPPI）、雷达产品数据、探空数据、雨量数据、闪电数据、GPS/MET数据、自动站数据、作业点数据、飞机轨迹、作业数据等的综合集成显示。

⑥作业条件预报分析子系统

利用中小尺度数值模式（MM5_CAMS等），显示水汽充沛区域，选择增雨条件有利的敏感因子，根据概念模型和潜势指标，给出24 h作业条件等级，识别增雨潜力区。

⑦作业条件监测识别子系统

实现以云物理实时精细分析为核心的云识别、云追踪、云物理分析、作业可播区分析等功能，根据本地作业指标，开展3 h和0～1 h播云条件监测识别、综合判断是否存在增雨作业条件，以及可作业天气形势出现的时段、区域，合理选择作业目标区，提供可作业区域的分析预报。

⑧作业方案设计和决策子系统

根据监测识别区域，实现飞机作业方案设计、地面作业预警方案制作功能。

⑨作业跟踪监控子系统

地面指挥人员依据多普勒雷达监测资料、飞机实时轨迹、实时雨量资料、卫星监测资料等，对目标作业云系演变、增雨潜力区等进行实时监测识别和跟踪，并根据作业条件变化对飞机作业方案进行修正，进行飞机增雨作业的交互指挥、实时跟踪监控。

⑩作业效果分析子系统

基于作业信息、常规观测信息、云物理探测信息等，针对作业过程提供作业区和非作业区物理响应效果的动态对比分析功能。

⑪产品制作子系统

利用基础地理数据、观测资料、产品、作业信息、管理信息，快速加工制作人影各类专题指导产品和服务产品。

2.1.2 系统建设原则

（1）实用性原则

系统具有很高的实用性，能够为人影工作提供可靠的业务分析决策和科研平台。

（2）稳定性原则

稳定性、可靠性是系统应该优先保证的。在系统设计开发中，进行各种方案的比较和优化，保证系统连续、稳定、正常地工作。

（3）先进性原则

利用先进的云物理分析技术，在系统功能设计、程序算法设计等方面，立足于高起点，充分利用软件工程方面的新技术实现系统的各项应用功能。

（4）开放性原则

系统设计中既要考虑系统的整体性、开放性，又要考虑系统的可扩充性，便于系统升级。

（5）标准化原则

系统在设计开发过程中坚持标准化的原则，采用国家标准和气象行业标准，采用软件界广为流行的通用标准。在系统实施过程中首先要遵循全球气象行业、国内相关的规范标准，以保证系统的数据接口、数据产品的规范，便于系统功能的扩充。采用标准的气象数据模型（Micaps 格式、HDF 格式、CDF 格式等）、空间数据模型（Geodatabase 模型），能提供良好的数据产品。

2.1.3　系统应用特色

系统基于先进的云物理综合分析平台，充分利用贵州省人影办的相关研究成果，注重系统的科技性、适用性、业务流程性，实现了技术和业务的应用创新。主要包括以下特点。

（1）多源数据采集

通过多种采集方式，对分布在不同业务单位的气象数据源进行自动和实时的采集存储，建立了统一的省级人影综合数据库。

（2）多要素综合集成显示

对多种气象观测数据，经过数据处理转换，将所有数据归结为点、线、面、栅格（图像）四类，将坐标系定为经纬度坐标，将投影全转为正射投影，形成统一的贵州三维云结构场数据，实现将多种数据源集成于同一平台的综合显示功能。

（3）云精细化分析

对多种数据和产品提供时间序列分析、垂直空间剖面分析、T-Re 图分析、云系自动识别、云系追踪等精细功能。

（4）作业方案设计

实现科学设计飞机增雨作业航线以及地面作业参数方案。

（5）业务技术流程

形成了适合贵州省级人影特色的快速数据收集、科学作业设计和决策、规范业务指挥等完整的决策、分析业务流程。

2.2　系统总体设计

2.2.1　人影业务流程

贵州省省级人工影响天气综合业务系统的整体业务流程包括作业天气探测、数据采集、作业条件判别与分析、作业方案设计、作业指挥、作业监控、作业效果评估检验、综合信息管理等一套完整、科学的人工影响天气业务流程。省级人影作业决策分析系统在整个业务系统中起到关键核心作用，包括了作业天气探测、数据采集、作业条件判别与分析、作业方案设计、作业效果评估检验等功能，其潜势预报产品、省级作业条件分析决策产品、预警专报产品等通过作业指挥与业务信息共享平台发送到市、县级人影指挥中心和作业炮站。系统总体业务流程如图 2-1 所示。

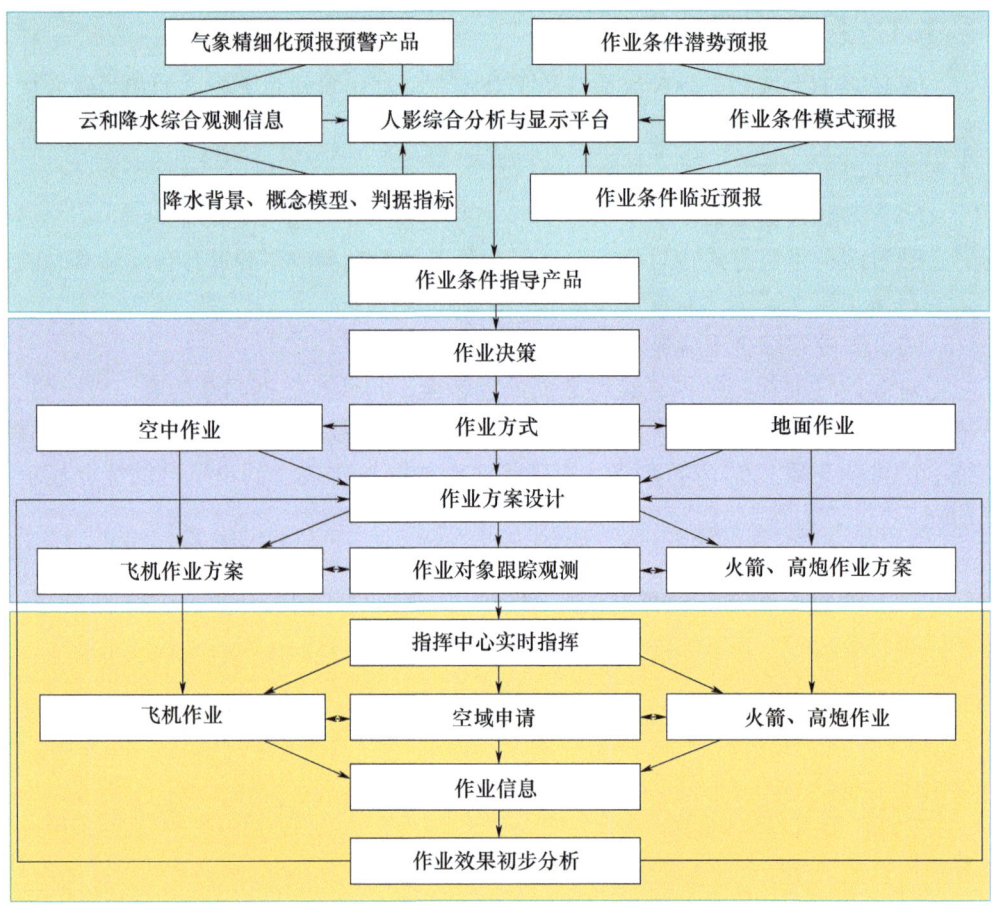

图 2-1　作业决策分析系统业务流程图

贵州省人影指挥中心根据国家级人影中心、区域人影中心发布的作业潜势预报等产品，充分发挥省级人影业务人员再分析、再处理的能力，制作省级潜势分析产品，结合监测实况科学制定作业条件分析决策产品等，确定空中作业方式；由云和降水的监测实况，制订飞机作业人工影响天气作业方案，并组织空域申请、实施飞机增雨作业。同时，省级人影指挥中心将省级潜势预报产品、省级作业条件分析决策产品、预警专报产品等通过作业指挥与信息共享系统发送到市、县级人影指挥中心；市县指挥中心根据指导决策产品，结合局地实况监测，选择增雨和防雹的作业方式，制订的本地具体的地面火箭和高炮的增雨防雹作业方案。在预防森林火灾、缓解区域旱情工作等重大应急保障工作中，省级人影中心可直接制订飞机和地面作业设计方案，统一空域申请，直接指挥省、市、县三级人影作业，从全局调度保障重大事件和活动的全省人影应急工作。

2.2.2 人影数据产品体系

贵州省级人影数据产品体系目前主要是气象业务运行的数据库、文件库。主要包括如下数据和产品。

（1）气象观测数据

FY2 静止卫星原始数据、多普勒雷达基数据、L 波段探空数据、自动站数据、雨量数据、闪电数据以及人影特种观测数据。

（2）卫星反演产品和雷达产品

云参数反演产品：云顶高度、云底高度、云粒子半径、云光学厚度、过冷层厚度等。

雷达拼图产品：VIL 产品、CR 产品、ET 产品、CAPPI 产品等。

SWAN 产品：外推产品、预报产品等。

（3）模式预报产品

MM5_CAMS 的形势场产品、云宏观场产品、云微观场产品、降雨场产品。

（4）指导、决策、预警产品

包括国家级、省级的天气形势产品、预报产品、作业条件预警产品以及作业指导专报、作业简报。

（5）作业产品

包括飞机作业设计方案、地面作业方案、空域申报批复数据等。

2.2.3 系统总体框架

系统采用先进的开放式软件架构，基于云降水精细分析处理系统（CPAS），综合采用地理信息系统、遥感技术、数值分析技术、云物理分析技术、图像技术、计算机技术、数据库技术等，采用组件技术、插件机制进行系统的研制开发。各个系统使用 COM 技术，将应用封装在一个或几个 COM 组件中，通过表现层向外提供服务。通过这样的处理，系统在功能表现上实现了最大的灵活性和稳定性。

系统采用图层树的方式进行数据组织，实现树状数据管理。每个数据节点由逻辑相关的单个或多个图层组成，不同类别的数据节点具有独立显示功能。数据节点中组织的数据可以进行基于地理位置的图层叠加显示；图层显示控制功能主要有打开、关闭、删除、图层移动（上移、下移）、缩小、放大、漫游、全图显示等，从而为用户提供灵活的视图显示能力。集成控制模块是采用了 DLL 插件的形式，提供系统的相关的灵活集成功能。

系统总体框架如图 2-2 所示。

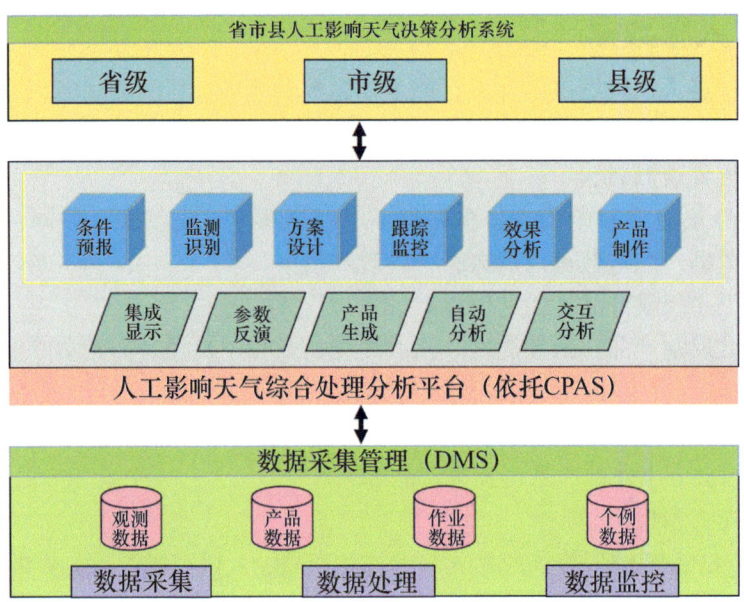

图 2-2 作业决策分析系统总体框架图

系统采用三层体系结构，空间数据模型采用 ArcGIS Personal Geodatabase 模型；文件数据库模型采用中国气象局、省级人影中心现有的各种数据模型。

（1）数据支撑层

提供观测数据、反演产品、模式产品、探空产品、作业信息等，建立贵州省级人影综合数据库。

（2）综合处理层（依托 CPAS）

根据人工影响天气对多源多类观测信息分析处理的需求，建立以云降水精细分析处理为核心，具有多源、多类观测信息处理、分析功能的云降水精细分析、显示和综合融合处理分析平台，实现星基、空基和地基等多类观测信息、反演产品、云模式产品等信息的集成显示及云降水精细分析功能。

（3）业务应用层

在云物理精细分析平台的基础上，结合贵州省本地化业务需求，建立满足人影作业条件预报分析、作业条件监测识别、作业方案设计和决策、作业效果分析以及产品制作等功能的贵州省人影作业决策分析系统。

2.3 系统业务功能

以 2013 年 8 月 3 日人工增雨作业过程为例，详细介绍作业决策分析系统业务功能。

2.3.1 个例背景

2013年6月中旬开始,受持续晴热少雨天气影响,贵州省大部分地区出现不同程度干旱,旱情发展迅猛,呈现不断加剧和蔓延的态势。根据2013年8月2日干旱监测(图2-3)显示,全省76个县(市、区)出现不同程度的气象干旱,特旱达到13个县。

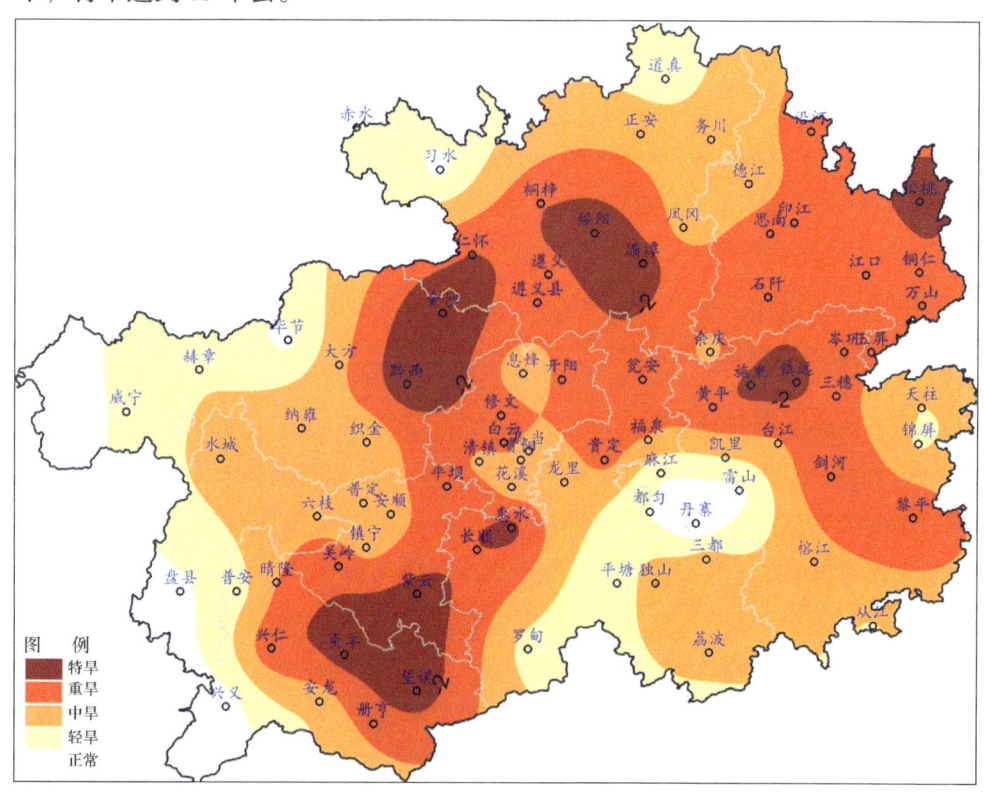

图 2-3 贵州省 2013 年 8 月 2 日旱情图

8月3日,受台风"飞燕"外围云系影响(图2-4),贵州省西南部旱区存在比较有利的增雨作业条件,根据地面联动增雨作业机制,省人影办组织贵阳市、黔东南州、遵义市9部增雨火箭车,联合安顺、黔西南本地增雨作业力量,开展针对西南部特旱区的增雨抗旱服务,同时,增雨飞机重点针对贞丰、紫云等特旱县实施增雨作业。

增雨作业后,作业影响区普降小到中雨,局地大雨,尤其是省人影办统一组织布防在黔西南州贞丰县、兴仁县和安顺市紫云县、镇宁县境内的9个移动火箭车作业34次,使用火箭弹69枚,作业效果明显,雨量站最大降水达33.4 mm,

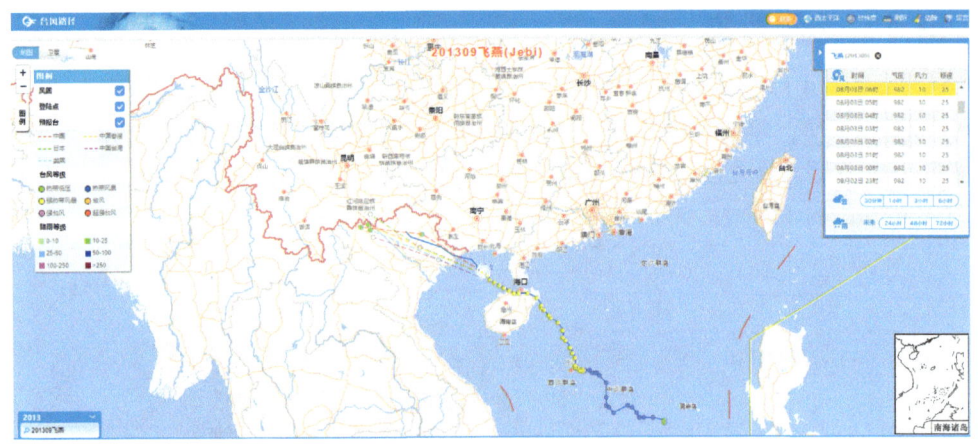

图2-4　8月3日06时台风"飞燕"移动路径预报

降水区域的土壤相对湿度增加了20%左右,有效缓解了贵州省西南部的旱情,取得了明显的区域性抗旱成效。

2.3.2　作业潜力预报

(1)省气象台预报产品分析

根据省气象台天气形势综合分析(图2-5),2013年8月3日20时,贵州受台风外围环流影响,西南部偏南气流湿度层深厚,相对湿度较高,达90%。

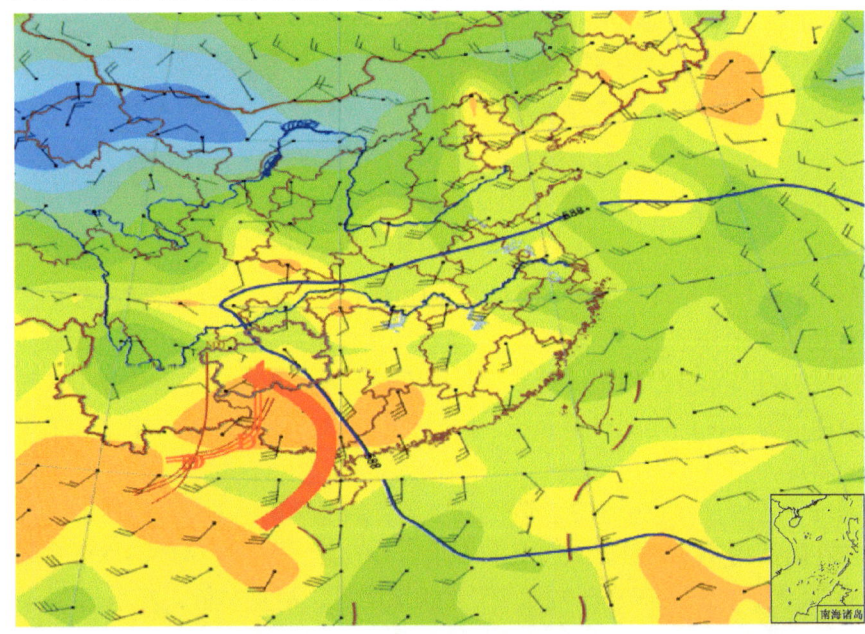

图2-5　8月3日20时欧洲中心综合分析

省气象台预报：8 月 3 日 08 时至 8 月 4 日 08 时，省的南部有阵雨或雷雨，局地有中雨，其余地区多云、有分散阵雨（图 2-6）。

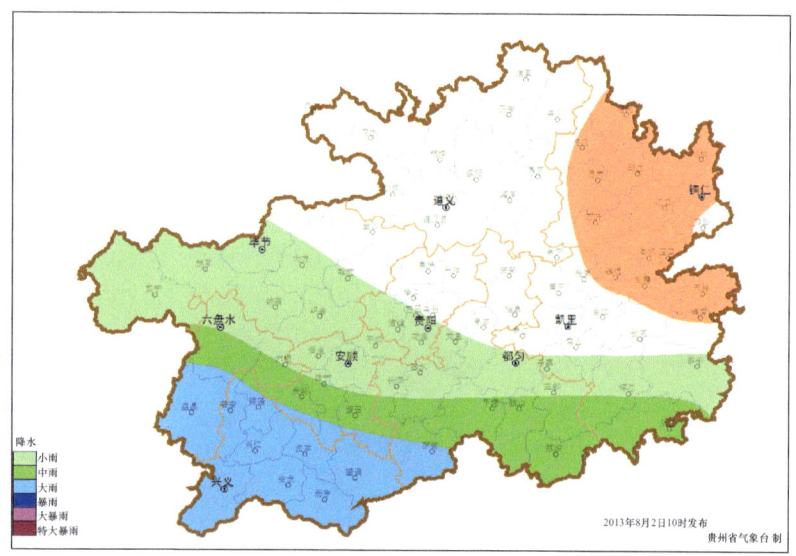

图 2-6　8 月 3 日省气象台发布的 24 h 降水落区预报

根据日本模式预报（图 2-7）结论，贵州省的西南部主要降水时段为 3 日 20 时—4 日 02 时。

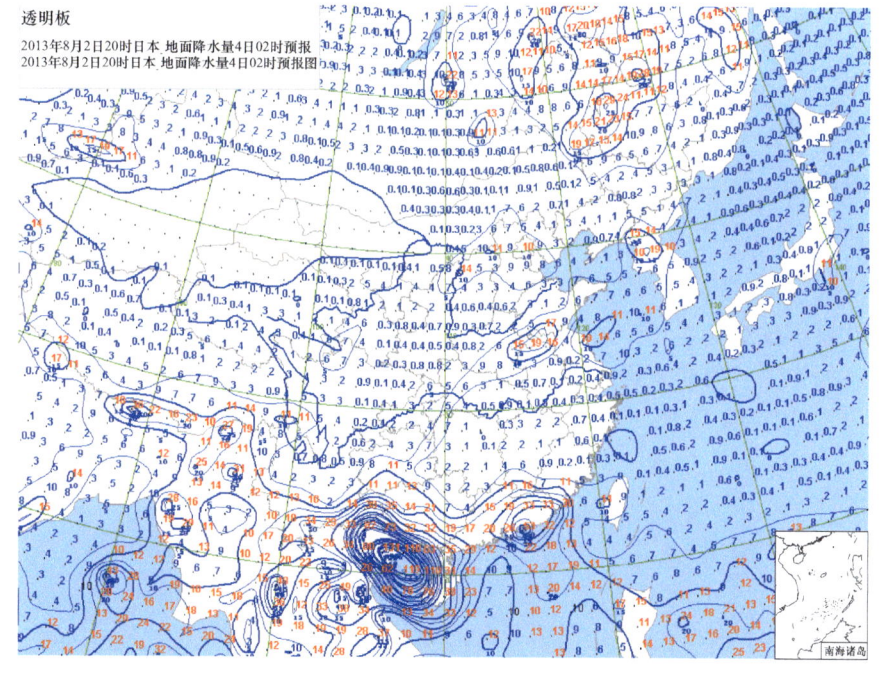

图 2-7　日本模式 6 h 降水预报（3 日 20 时至 4 日 02 时）

（2）模式预报产品分析

基于云降水综合处理分析平台对中国气象局人影中心下发的模式产品进行分析，做出增雨作业潜力区预报。

①云带演变分析

基于云降水综合处理分析平台对云宏观场的云带（图2-8）演变进行分析，判断出台风外围云系在8月3日20时左右影响贵州南部。

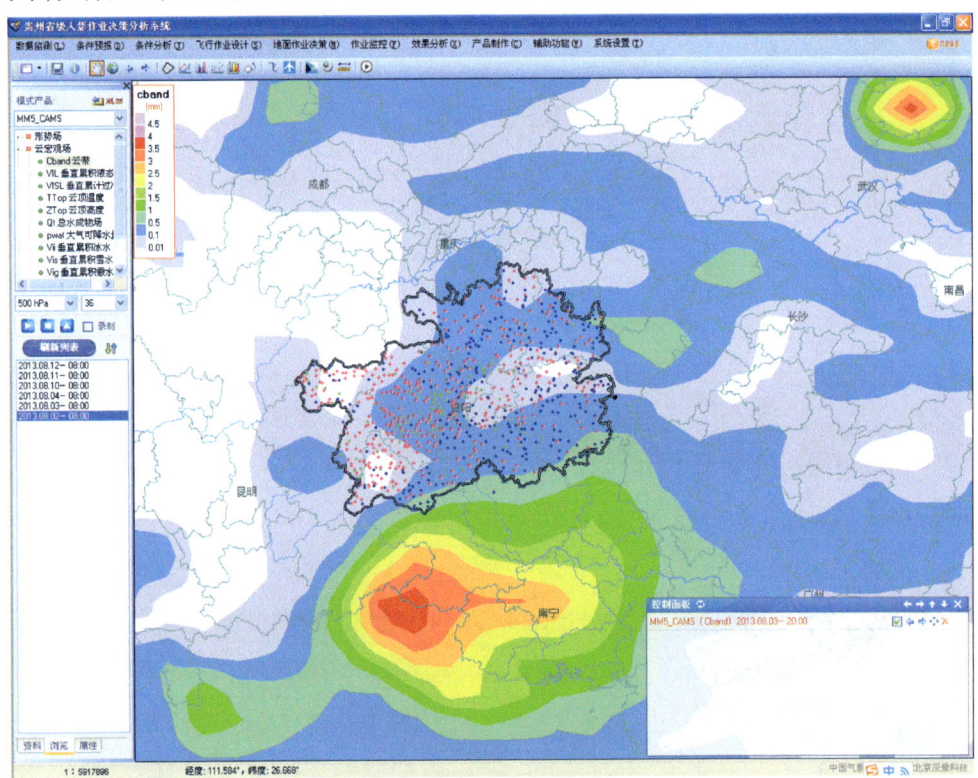

图2-8　模式预报8月3日20时云带

②累积过冷水量

根据中国气象局人影中心提供的作业条件监测分析与预报产品（图2-9），8月3日08时至4日08时，贵州大部有云系覆盖。贵州南部旱区预报累积过冷水有0.3～0.5 mm，具有一定的催化潜力。

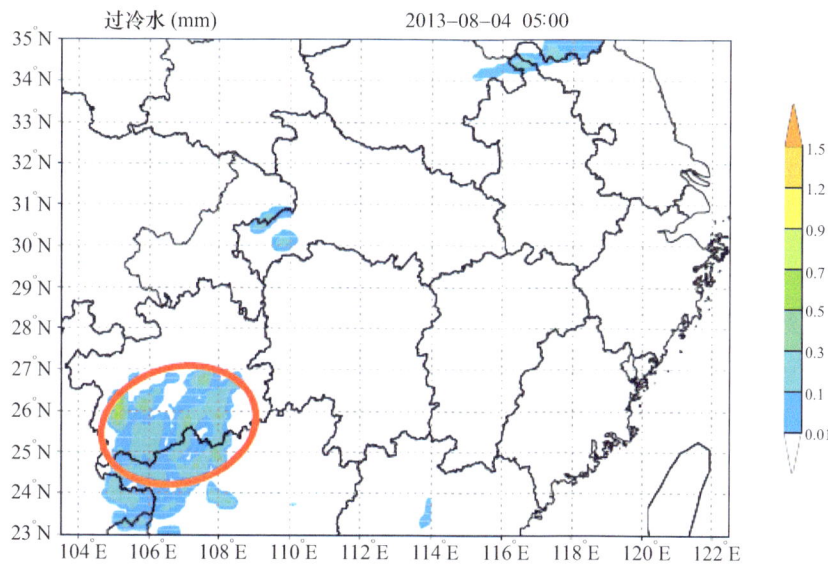

图 2-9　模式预报累积过冷水分布图

③潜力区云体垂直结构

根据中国气象局人影中心提供的作业条件监测分析与预报产品（图2-10），8月3日08时至20时，贵州南部过冷水主要位于0～-10℃层（海拔高度5000～7000 m），具有一定的增雨潜力。

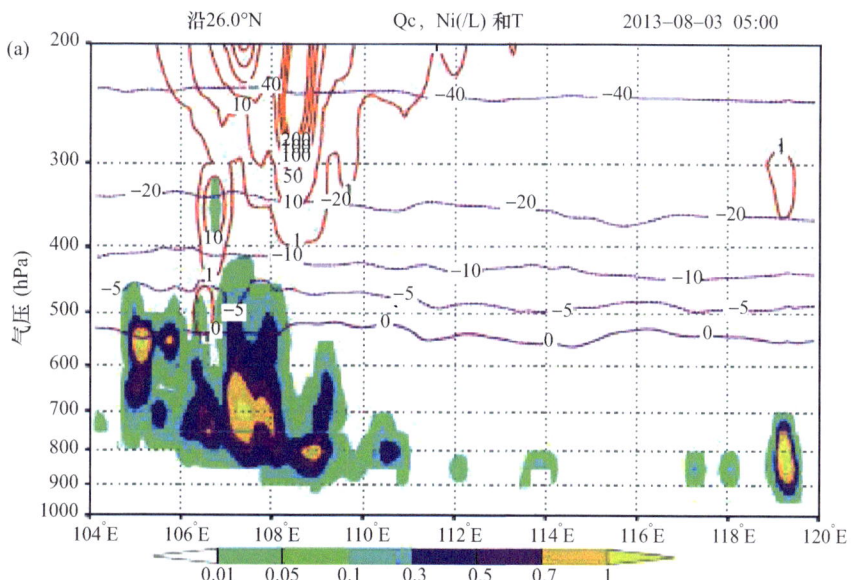

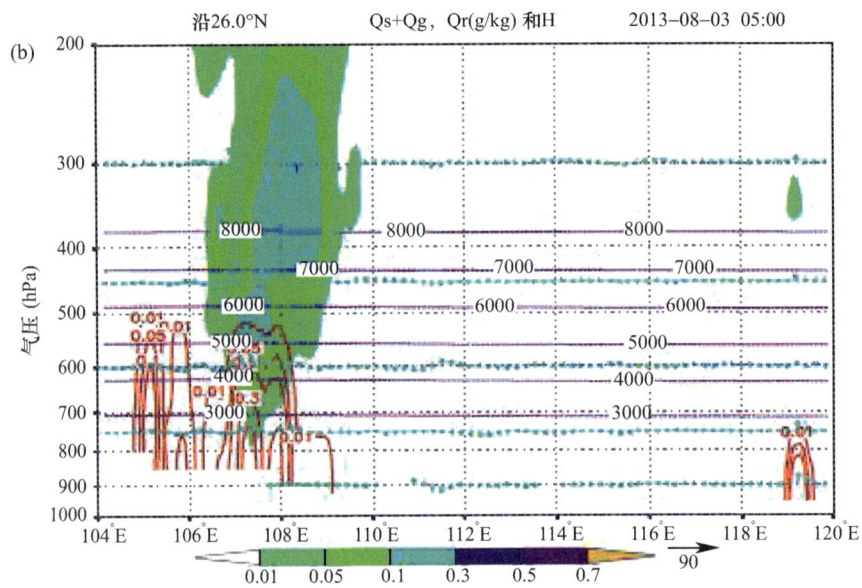

图 2-10　8 月 3 日 05 时沿 26.0°N 东西向水成物垂直剖面

8 月 3 日 08 时至 4 日 08 时，旱区局部有冷暖混合云覆盖，其中贵州南部具有一定的冷云催化潜力，作业条件主要位于 0～-10℃层，建议在海拔高度 5000～7000 m 开展飞机或火箭增雨催化作业。

（3）结论

经过综合分析确定，8 月 3 日作业对象为台风外围冷暖混合云系，暖层深厚，从东南往西北移动，过冷水区高度为 5000～7000 m，云底高 1000 m 左右，暖云厚度为 4000 m，目标作业区在贵州西南部的安顺、黔西南一带，作业最有利时段为 8 月 3 日 20—24 时。

2.3.3　作业方案设计

综合考虑天气系统移向移速、影响范围、云物理条件，结合作业点布局及催化影响时间等因素，将作业的重点区域确定在贞丰、兴仁晴隆、镇宁、紫云，采用飞机和地面移动火箭联合立体作业方式实施作业，制订 2 架次飞机增雨作业计划。催化方式为飞机暖云烟条和地面碘化银（AgI）催化，作业工具为飞机、火箭空地立体作业。

（1）飞机作业方案（图 2-11）

采用暖云催化作业方式，暖云烟条 20 根，作业高度 4000 m，作业时间在 8 月 3 日 09 时至 20 时。

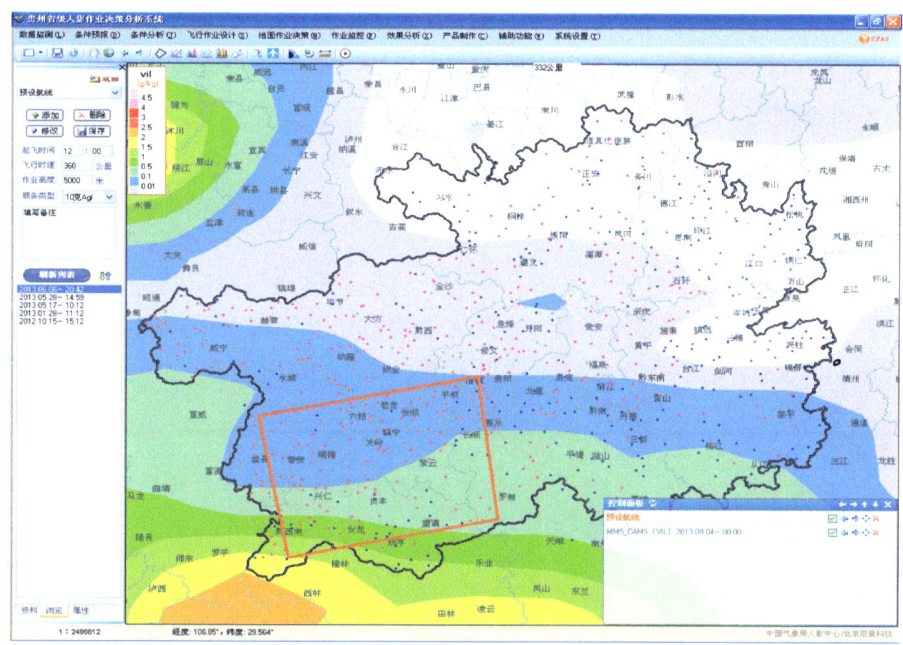

图 2-11 预设的飞机增雨作业区域

（2）地面作业方案（图 2-12）

地面作业由省人影办统一组织 9 辆 WR-98 型火箭车携带 72 枚火箭弹，开赴贞丰、紫云、兴仁县的作业炮站，当地移动作业火箭配合作业。

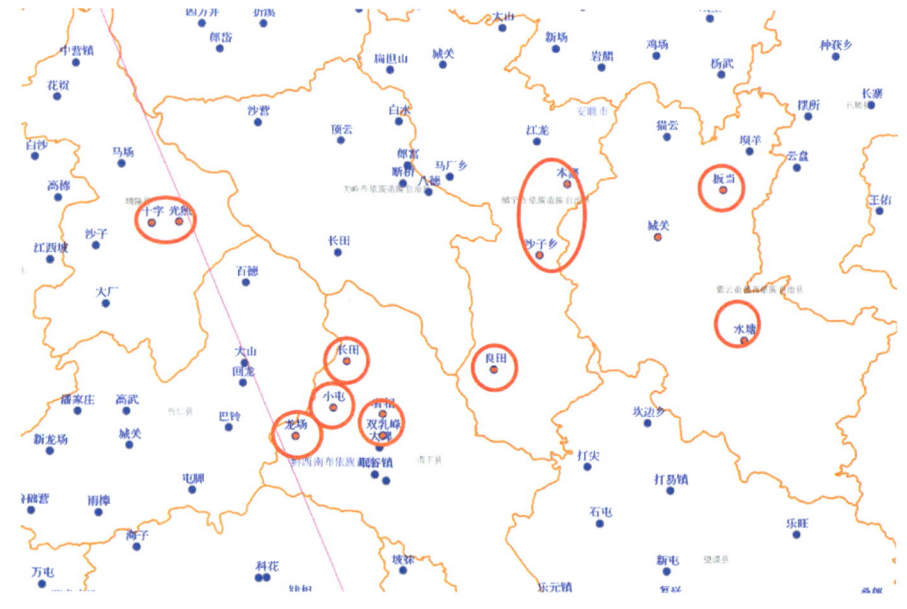

图 2-12 预设的地面火箭布设点

地面火箭作业时段预计在 8 月 3 日 20 时至 8 月 4 日 00 时，3 日 12 时就位，作业高度为 6000 m 左右，催化方式为冷云催化，小雷达及现场指挥中心设在贞丰县双乳峰炮站。

2.3.4 作业条件监测分析

（1）探空分析

从 8 月 3 日 08 时威宁、贵阳、河池、百色探空站探空空间分析（图 2-13）来看：靠近南部的探空站云系更加深厚，更有利于开展增雨作业。贵阳站探空资料显示：0℃层高度为 5108 m，-10℃层高度为 7086 m。

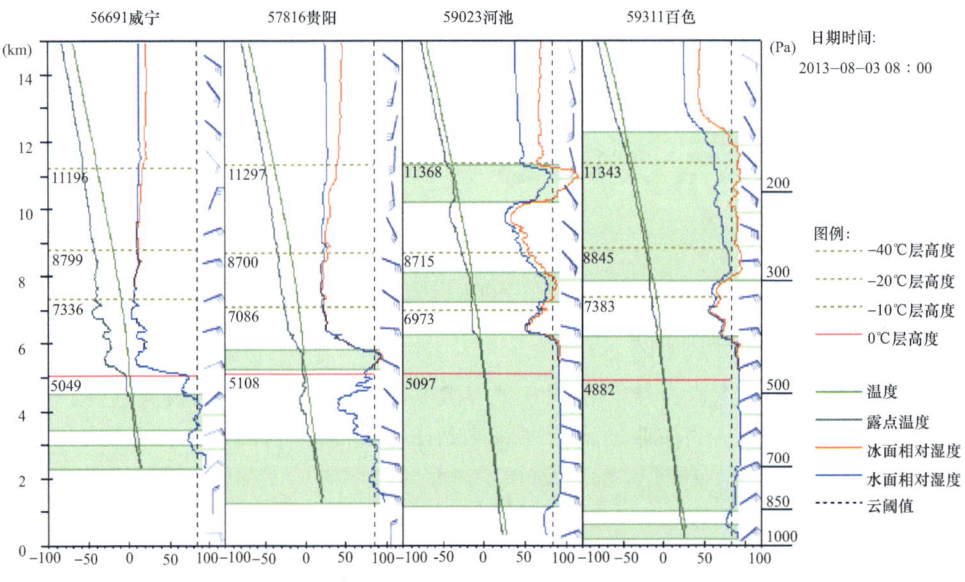

图 2-13　8 月 3 日 08 时探空资料空间序列分析

（2）红外云图分析

根据实时卫星云图资料（图 2-14）监测发现，台风外围云系在 8 月 3 日 08 时已经影响贵州南部边缘，时间比前日的模式预报相对提前了 12 h 左右。因此，针对增雨作业的时段也相应作出调整。

从 3 日 08 时开始，云系从东南向西北移动逐渐影响贵州西南部，并且

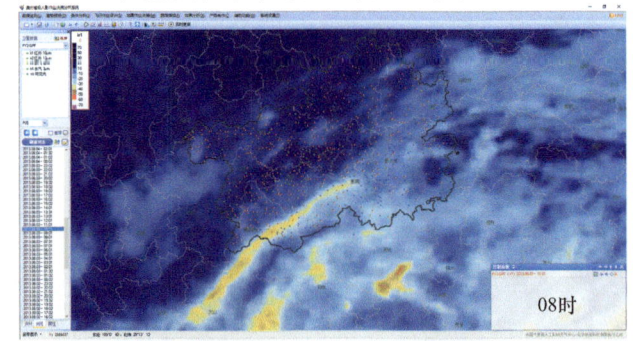

有较强的水汽输送，云层逐渐增厚。

在3日12时整个黔西南都在云系影响范围之内，此时，正式确定飞机飞行航线（图2-15），从贵阳起飞，逐渐深入台风外围云系影响区域，迎着云系来向实施作业。同时，启动雷达回波实时监测，并通过空地传输系统指挥飞机在有雷达回波生成的区域进行重点催化。

增雨作业飞机于12:01从磊庄机场起飞，航线：磊庄—安顺—普定—六枝—关岭—镇宁—贞丰—紫云—册亨—望谟—罗甸—长顺—磊庄，燃烧9根碘化银焰条，于13:59降落，航程约606 km。

在飞机增雨作业结束后，随着天气系统的进一步移动和影响，在目标增雨区仍有有利的天气条件适合开展增雨作业。地面移动增雨作业火箭已在目标区作业炮站就位，等待合适时机开展作业。

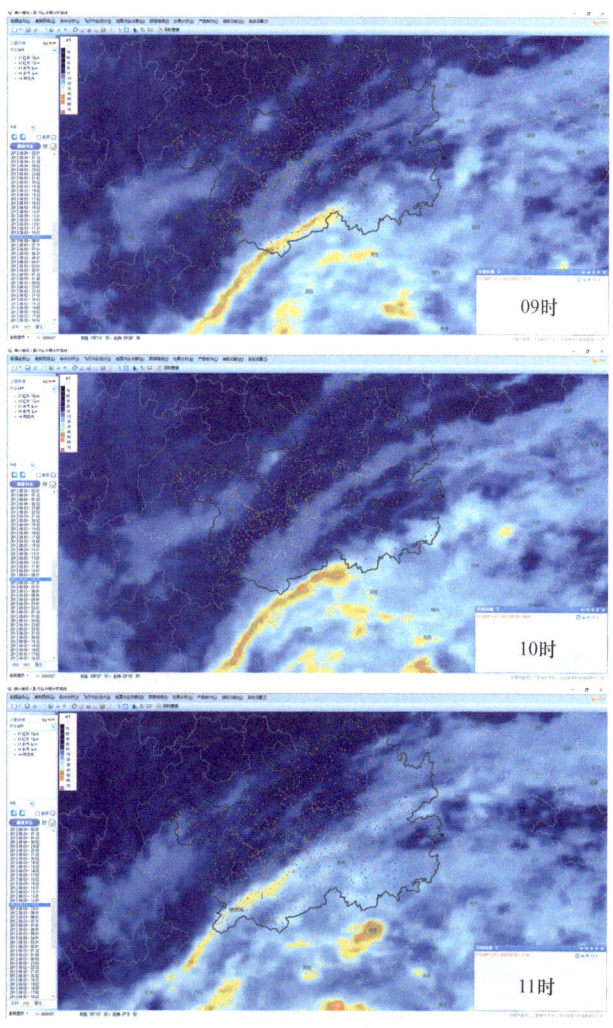

图2-14　8月3日08时至11时红外云图

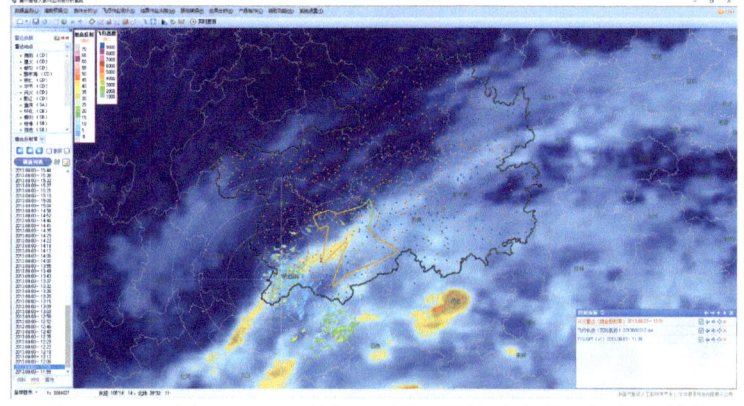

图2-15　8月3日12时基于卫星和雷达确定的飞机作业航线

台风外围云系在3日14时左右移至增雨作业区，15时两块云团合并增强，相当黑体亮度温度 TBB 在 –30℃ 到 –40℃ 之间。如图 2-16 所示。

（3）光学厚度分析（图2-17）

8月3日08时至15时，贵州西南部目标作业区域内云中生成多个液水团并逐渐合并生成较大的液水团，其含水量丰沛，光学厚度较大，最大可达30。

（4）卫星–雷达–雨量综合分析（图2-18）

8月3日中午12时以后，目标作业区形成较大的液水团，大部分区域光学厚度达24以上，有开展地面增雨作业的有利条件。选择光学厚度在10～30范围内的云进行催化，易增加地面降水。12时左右在关岭、贞丰、紫云附近光学厚度为15～30，并有回波生成，可进行催化作业。

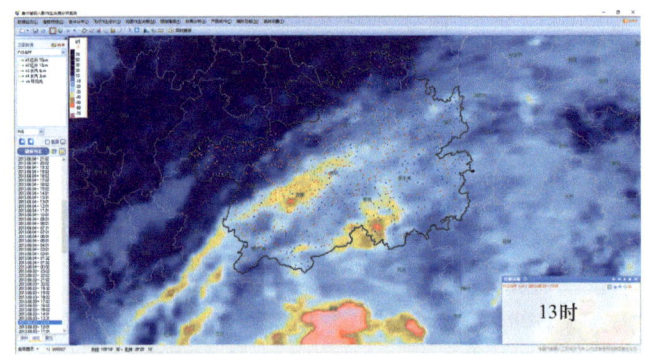
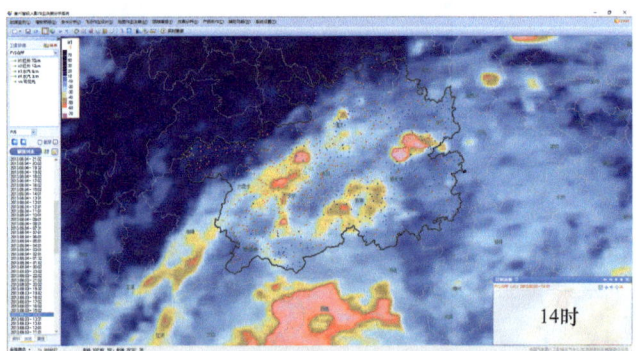
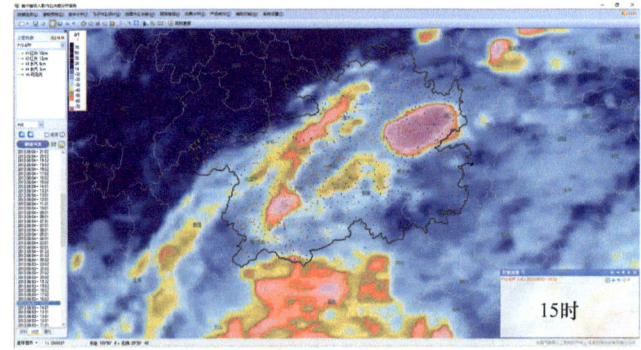
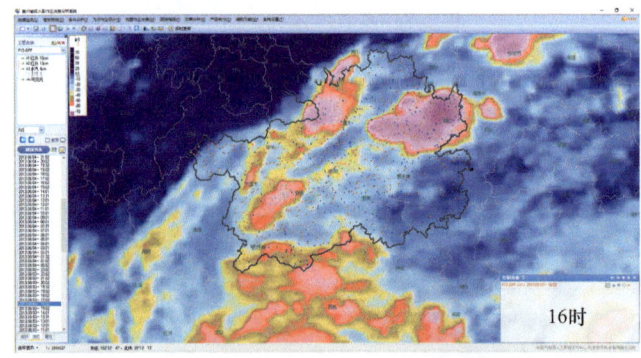

图 2-16　8月3日13时至16时逐时红外云图

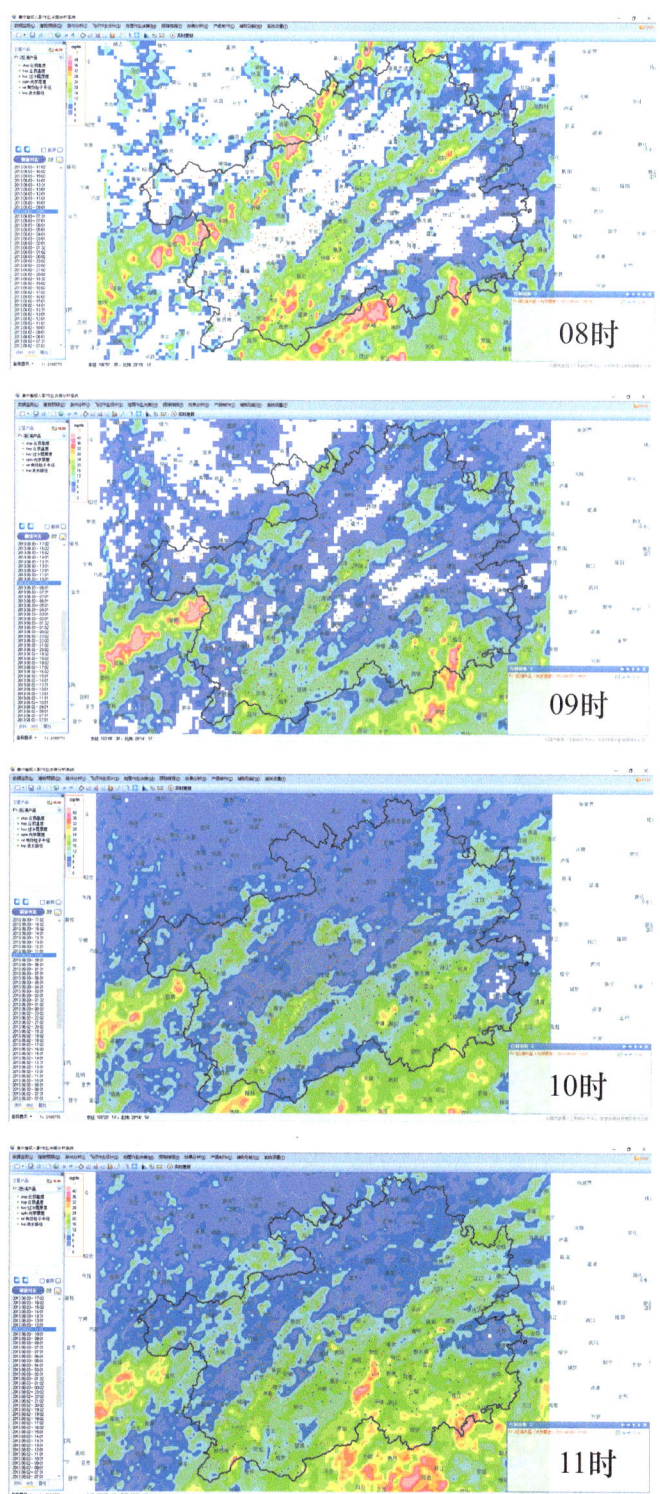

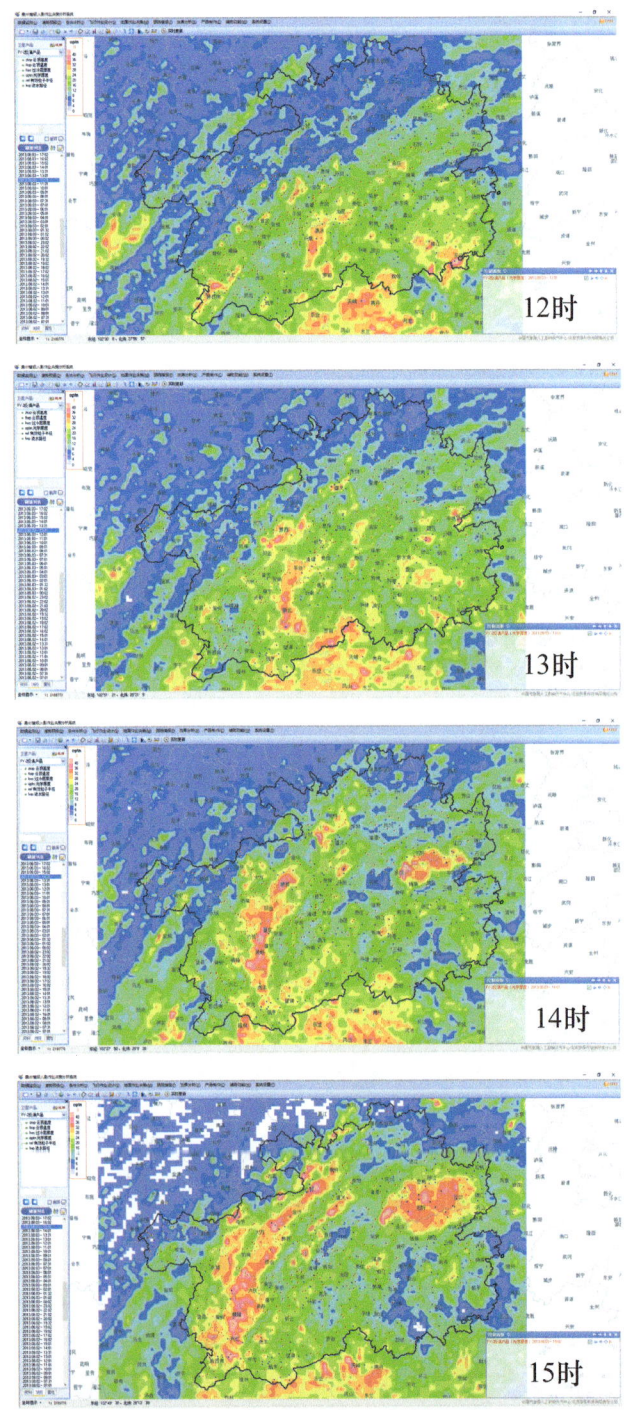

图 2-17　8 月 3 日 08 时至 15 时逐时云光学厚度图

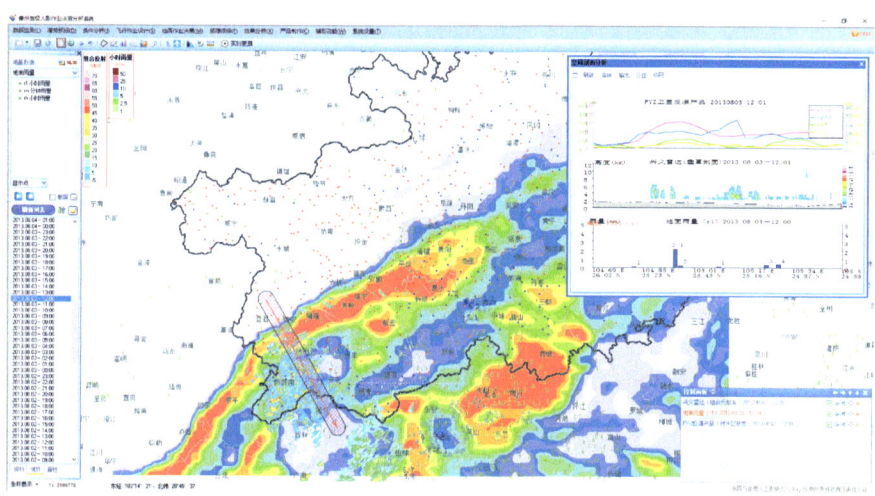

图 2-18　8月3日12时卫星－雷达－雨量综合分析图

2.3.5　作业预警指挥

从卫星云图上发现可催化作业的潜力区后，立刻启动作业实时预警指挥。

（1）地面作业预警

2013年8月3日13时48分，系统根据SWAN外推产品自动生成增雨作业预警信息（图2-19），对相应炮站发出增雨作业预警，提醒炮站做好增雨准备。

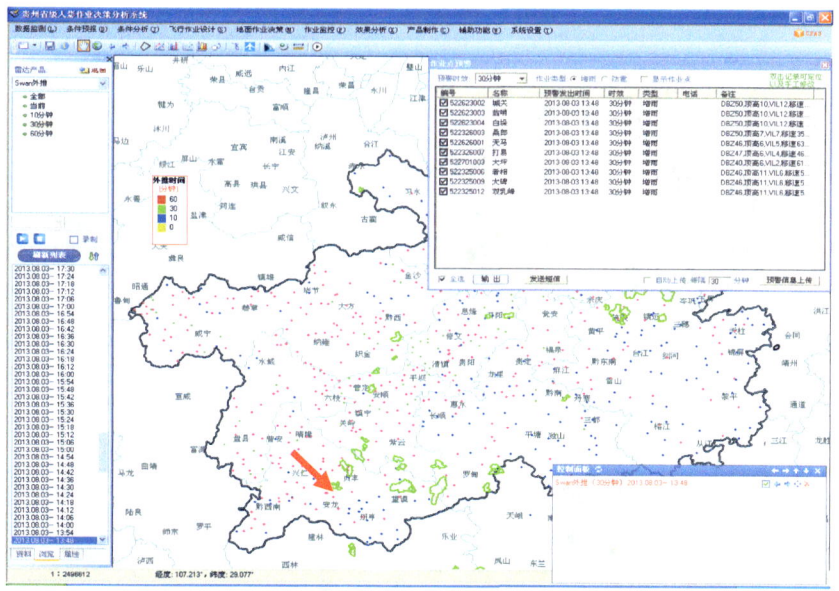

图 2-19　2013年8月3日13时48分基于SWAN的雷达外推预警

13时48分，系统根据雷达回波的强度、移向、移速对下游作业炮站发出预警（图2-20），提醒炮站做好增雨准备。本地增雨预警指标为强度>30 dBZ，回波顶高>6 km。

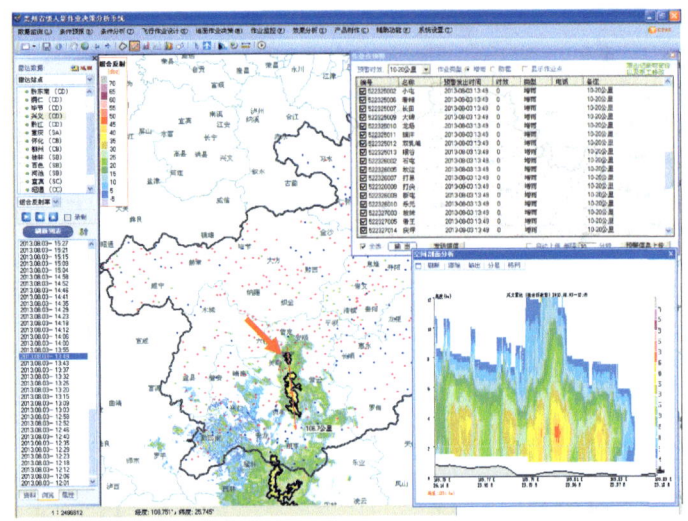

图2-20　2013年8月3日13时48分基于回波的雷达提前预警

（2）地面作业指挥

8月3日14时18分，系统根据雷达回波实时生成作业参数（图2-21）。以双乳峰炮站为例，作业方位西北，仰角45°～50°，参考用弹量22发。

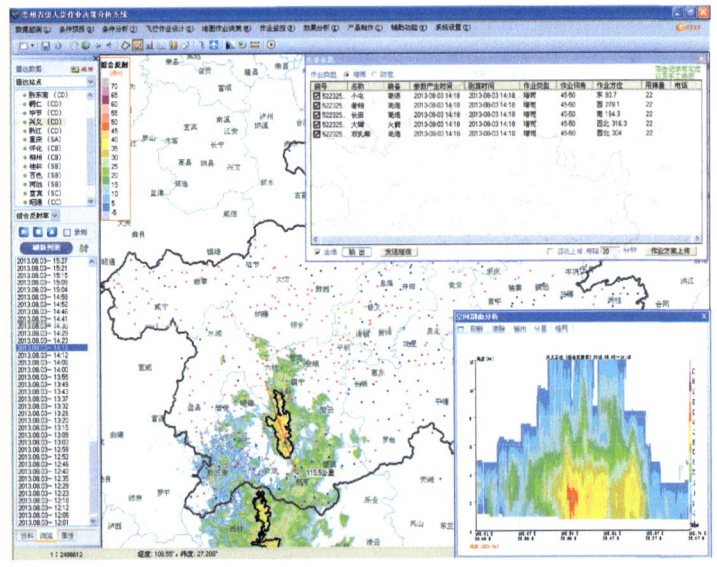

图2-21　8月3日14时18分基于回波的雷达作业参数

2.3.6 作业效果分析

（1）飞机增雨作业轨迹上回波的变化情况分析

对比飞机增雨作业时和作业后飞行轨迹上雷达回波（图 2-22）的变化，发现作业后回波合并，同时强度和高度都有明显增加。

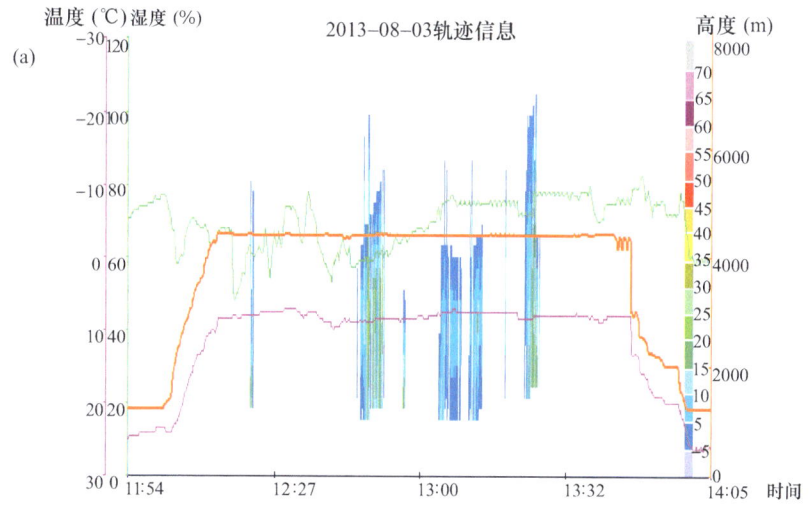

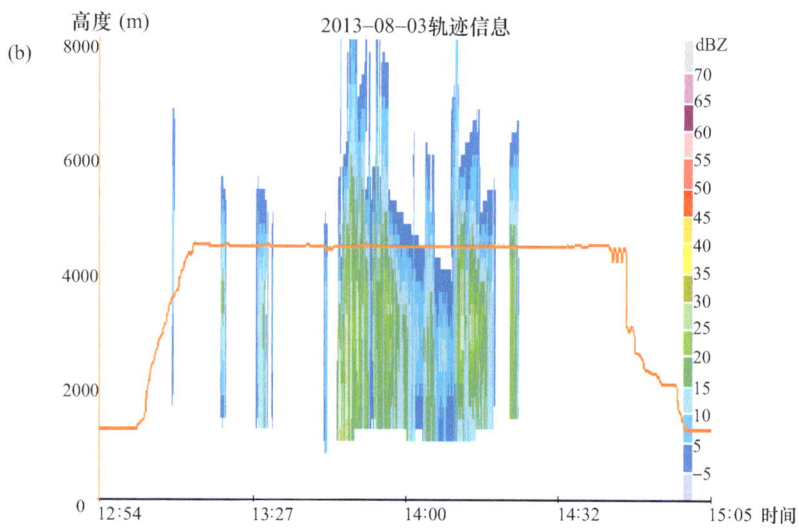

图 2-22　作业时（a）和作业后（b）飞行轨迹上的雷达回波

（2）作业区域 T-Re 分析

对比增雨作业前后 T-Re 的变化（图 2-23），作业前从 8℃的云底到 -30℃，所有粒子的有效半径均 < 14 μm，说明作业前目标云系内上升运动剧烈，小粒

子在高低层中交换频繁，来不及增长，只在低于 $-35℃$ 层的区域略有随温度降低而增长的趋势，催化作业后，云顶温度 Ttop（℃）由 $-45℃$ 变为 $-60℃$（即所能反演的云层最高位置），有效粒子半径 Re 明显增大，低于 $-10℃$ 的区域，增长超过降水阈值 $14\,\mu m$。

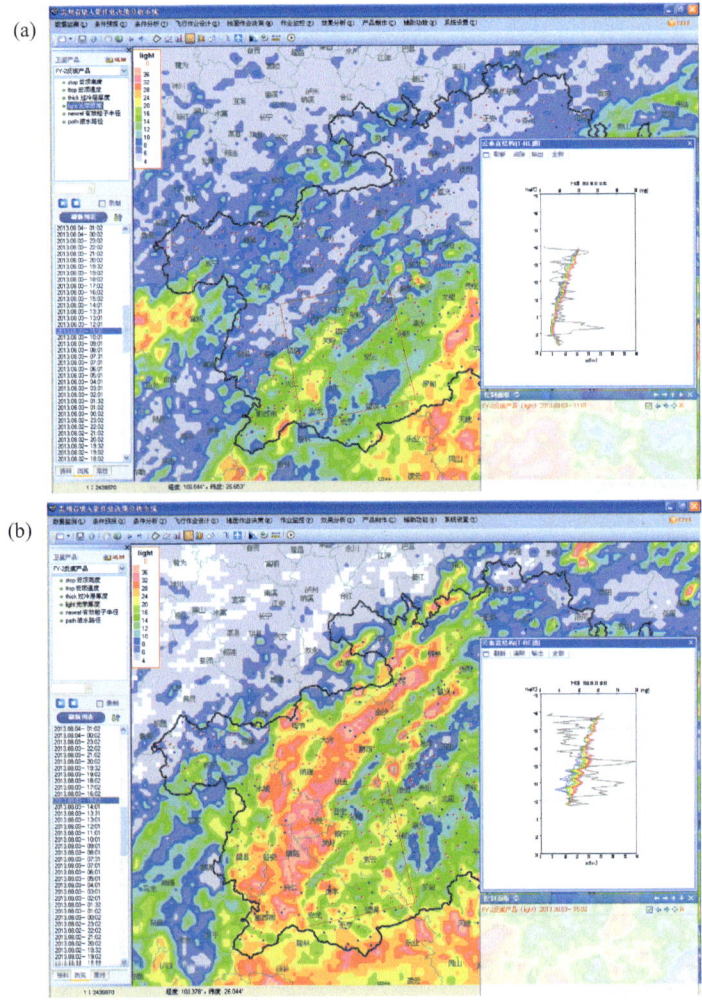

图 2-23　作业前（a，11 时）和作业后（b，15 时）增雨区域的 T-Re 变化

（3）作业区域卫星反演参数变化

对作业前后云顶高度和云顶温度的变化进行比较。云顶温度方面（图 2-24），催化后云系的云顶温度较作业前降低，且整个云体温度降低，平均值由 $-9.070℃$ 降为 $-22.730℃$。

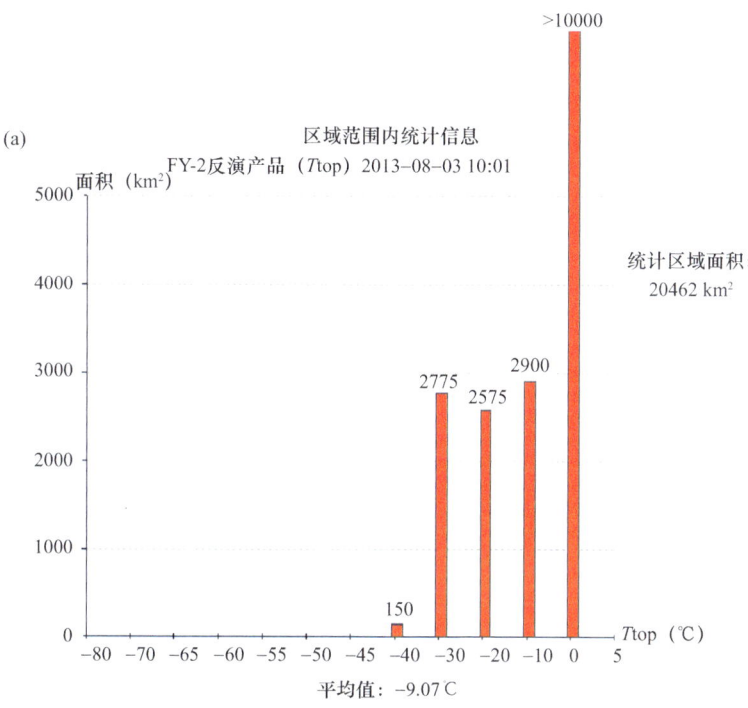
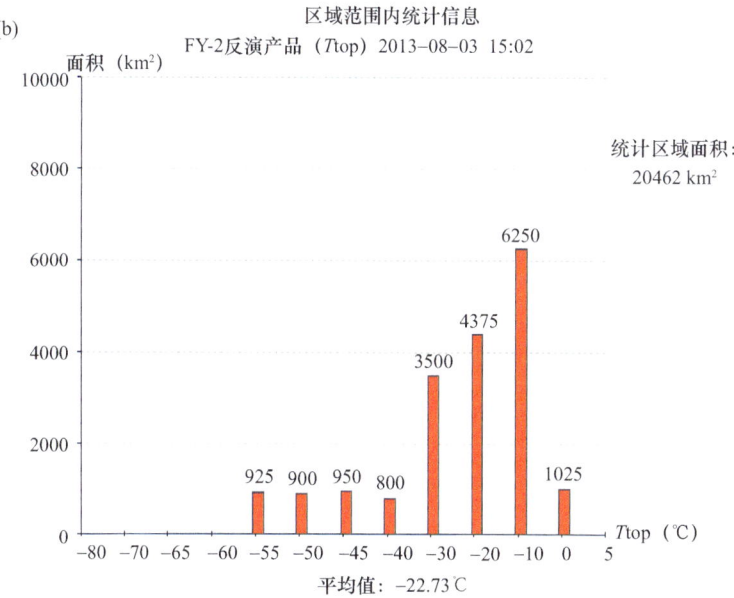

图 2-24　作业前（a，10 时）和作业后（b，15 时）增雨区域的云顶温度变化

云顶高度方面（图 2-25），催化后云顶高度升高，由作业前的 12 km 上升到 14 km，整个云体上升，平均值从 6.98 km 上升为 9.68 km。

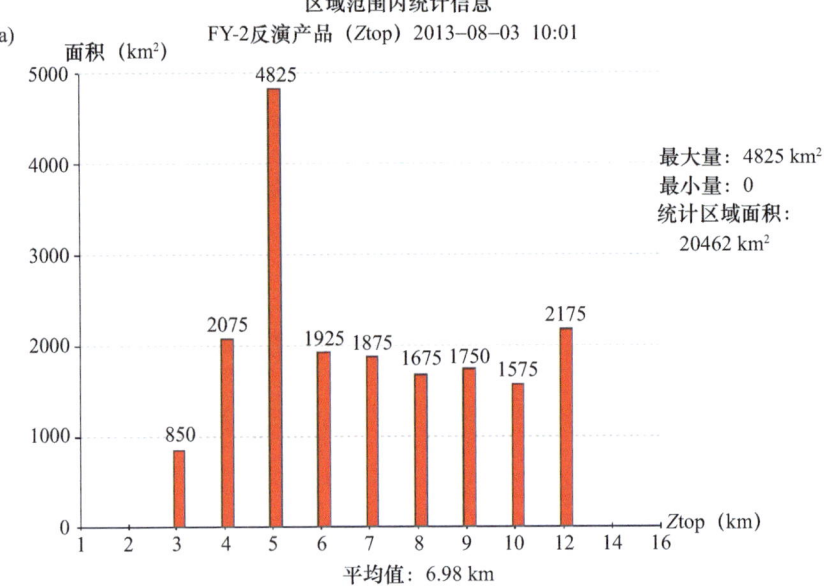

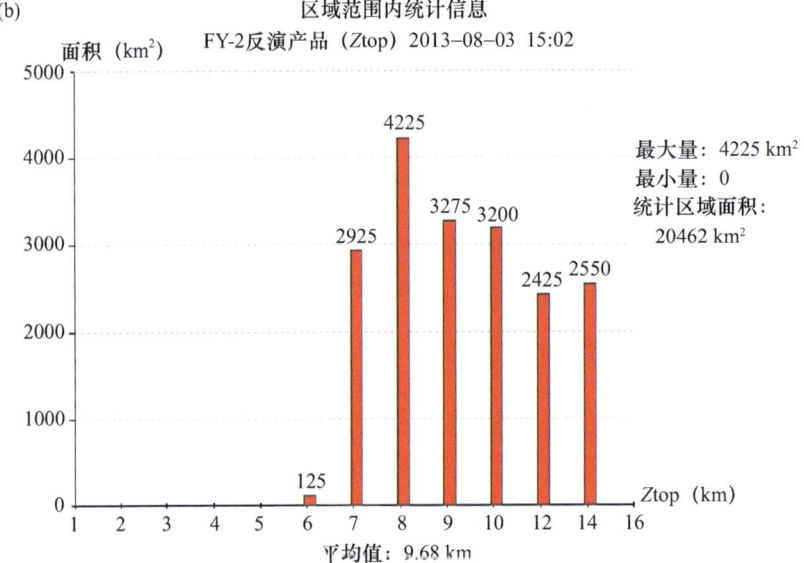

图 2-25 作业前（a，10 时）和作业后（b，15 时）增雨区域的云顶高度变化

（4）作业区域回波变化分析

被催化云系在作业前后的变化（图 2-26）：在贞丰县双乳峰炮站、者相炮站、大碑炮站实施增雨作业后，回波强度增强，面积增大，尤其是作业后 15 min，回波整体平均强度增加 10 dBZ，变化趋势明显。

第 2 章 作业决策分析系统

(a)
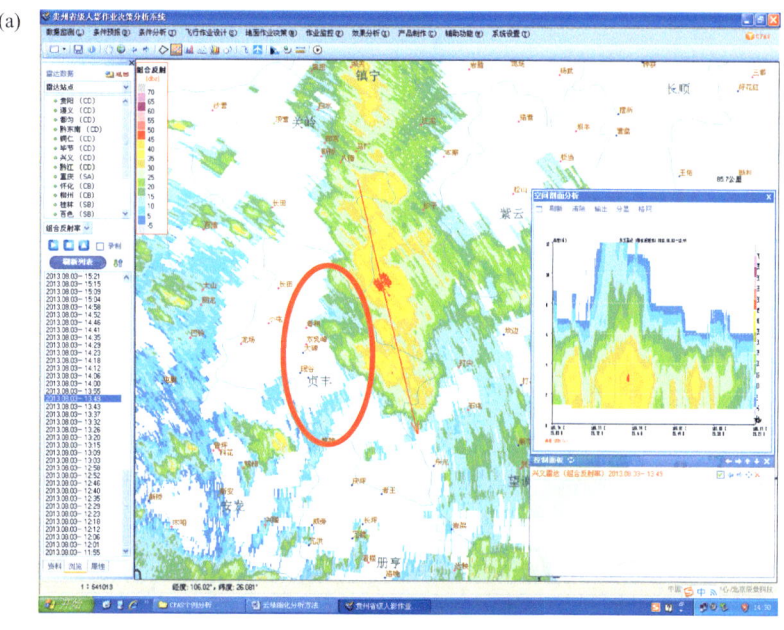

(b)
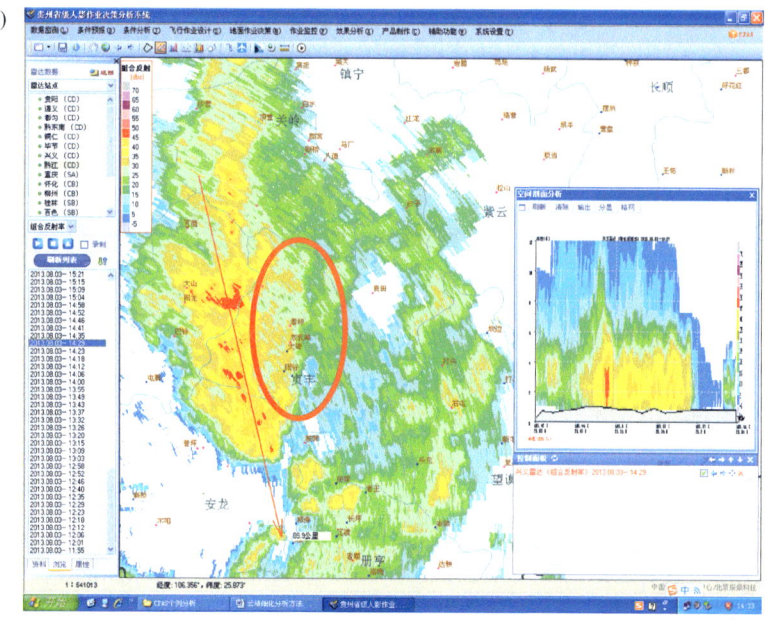

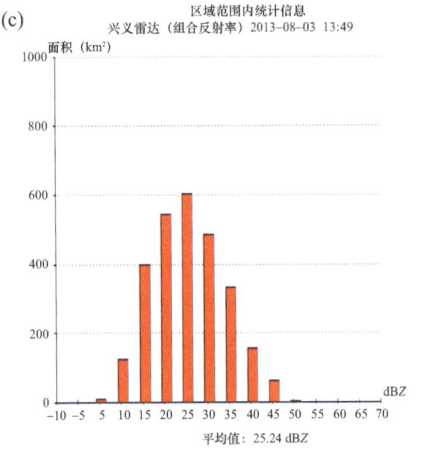
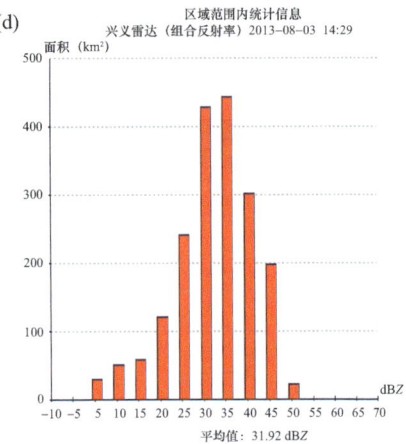

图 2-26 实施催化前（a、c）后（b、d）回波的变化

固定地点作业时段回波变化：对主要实施作业的贞丰县进行时间序列回波变化（图 2-27）分析，从 13 时到 16 时，回波呈现明显增强、增高的趋势。

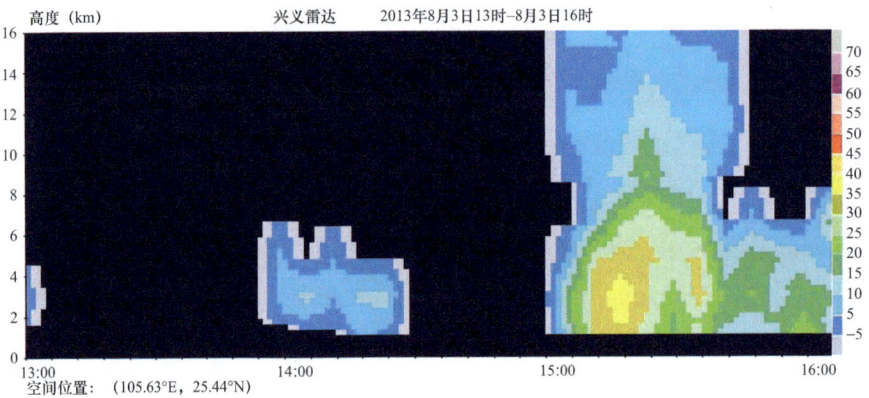

图 2-27 贞丰县 8 月 3 日 13 时至 16 时时间序列回波变化

（5）回波 – 雨量分析

催化效果从回波与同时段地面雨量的变化（图 2-28）上还可得到进一步验证。

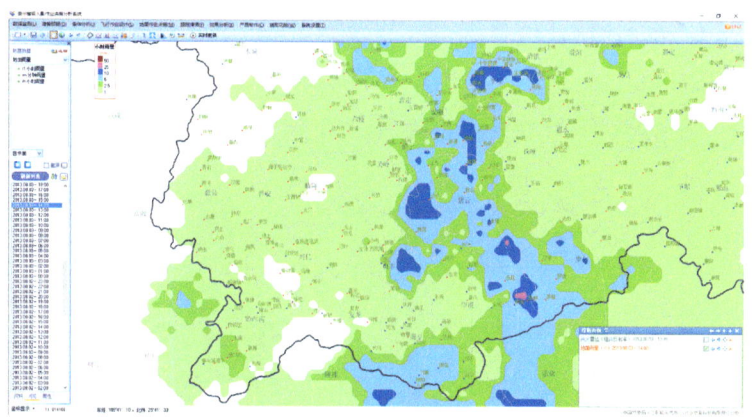

(a) 催化前回波

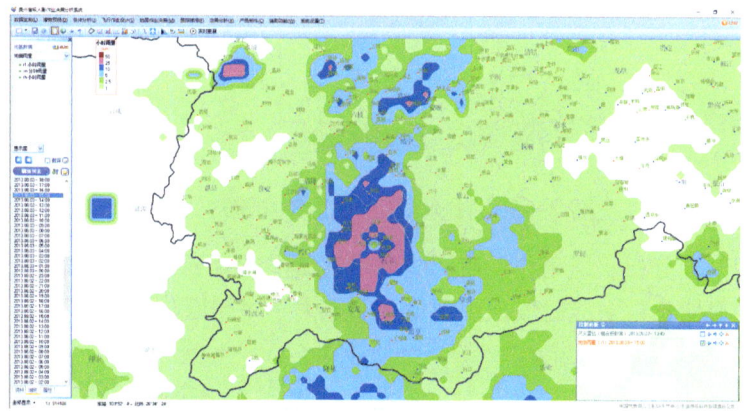

(b) 催化后回波

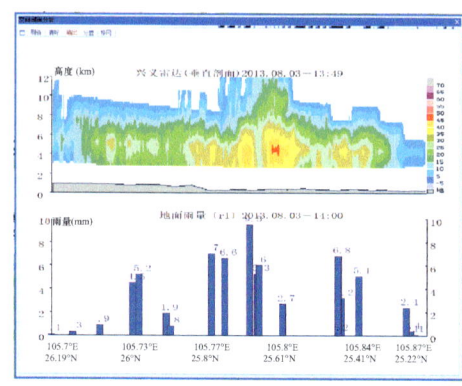

(c) 催化前雨量

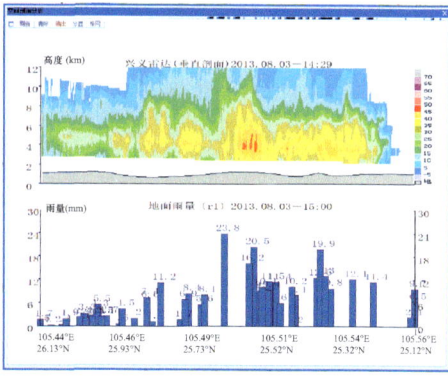

(d) 催化后雨量

图 2-28　实施催化前后回波（a、b）及雨量（c、d）的变化

（6）影响区和对比区比较分析

当天风向为偏东风，在系统上确定影响区和对比区（图2-29）。

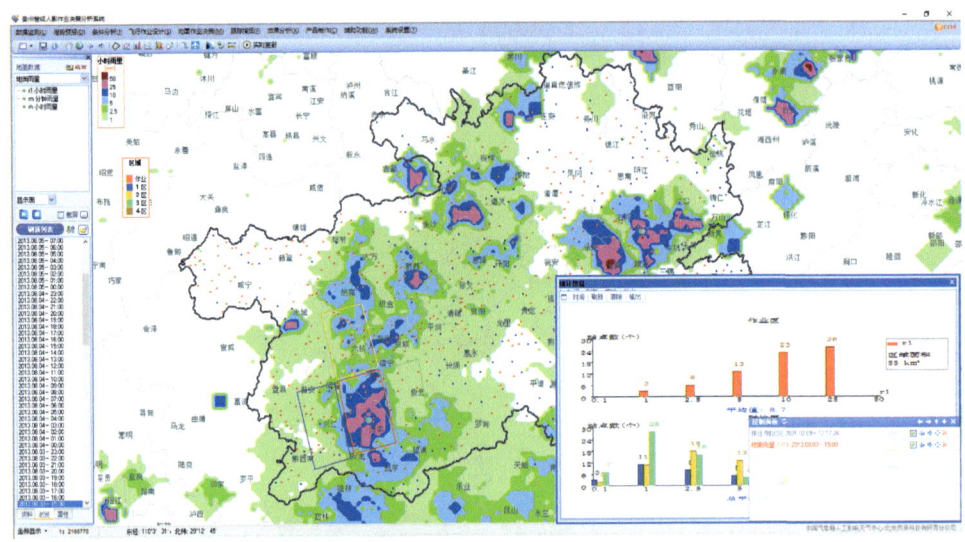

图2-29　影响区和对比区的雨量对比

由空间剖面分析，增雨作业后影响区的光学厚度、云顶高度、雷达回波都较对比区有明显增长，对应时段地面雨量也明显大于对比区（图2-30）。

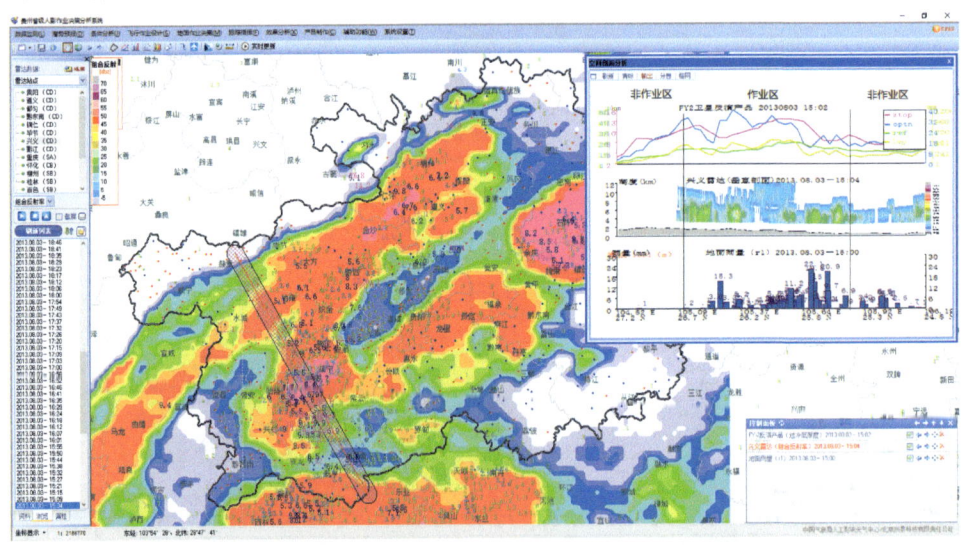

图2-30　影响区和对比区的卫星数据、雷达回波、雨量综合对比

（7）作业区域雨量情况

在作业后的6h中，全省中部、南部降水云系产生了小到中雨量级的降水，

作业区域的实际降水量无论是和相邻非影响区的降水量还是NCEP模式预报的降水量相比,都有明显增加(图2-31)。

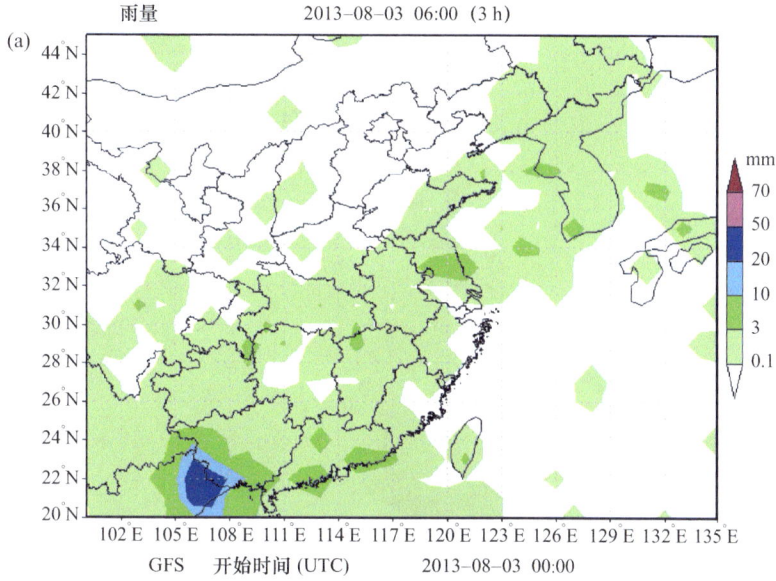

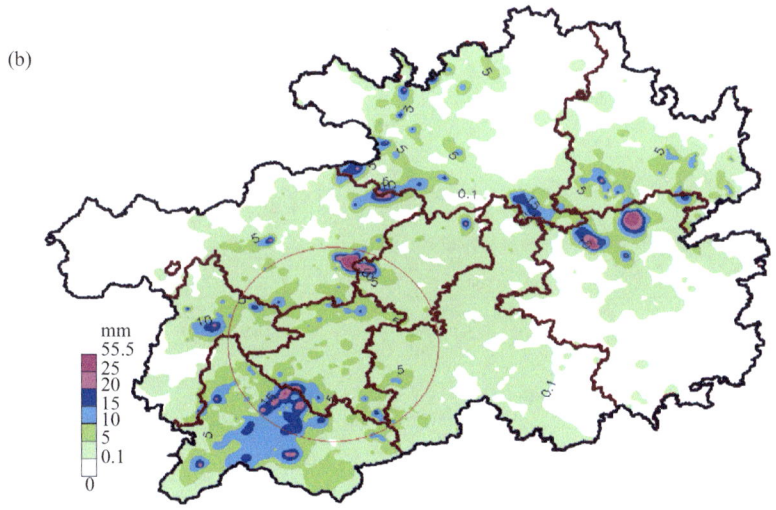

图2-31　8月3日14时的6 h降水量预报(a)和实况(b)对比

(8)作业区域旱情变化(图2-32)

增雨作业后的8月4日,遵义市北部、毕节市中部、六盘水市、黔西南州以及中部局地的旱情有所缓解,与8月2日对比,重旱以上县(市、区)由44县(市、区)减少至36县(市、区)。

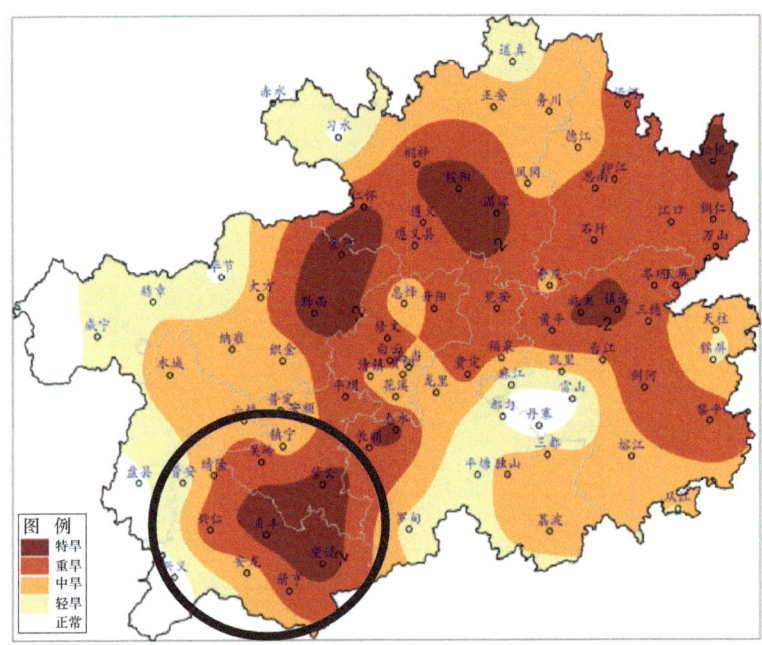

(a) 贵州省2013年8月2日干旱监测图

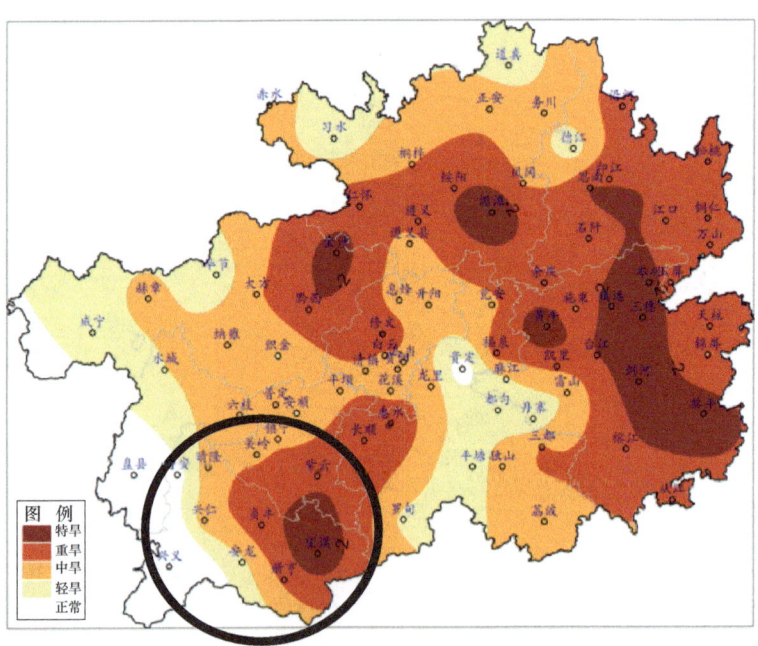

(b) 贵州省2013年8月4日干旱监测图

图 2-32　作业前后全省旱情对比

第3章 作业指挥与信息共享平台

3.1 系统概述

系统总体概括为一个平台、两套网络、四级用户、十大功能。即建设统一的作业指挥与信息共享平台，依托全省公共信息网络和气象省地专线网络，面向省、市、县、炮站四级用户的不同需求，形成作业方案设计、作业决策分析、作业预警指挥、作业空域调度、作业状态显示、作业实景监控、作业集群对话、作业通信终端、作业情报收集和作业信息管理的业务功能。

（1）平台需求

为做好人工影响天气科学化、信息化的建设工作，提升科技含量，规范作业流程，提高工作效率，加强安全监管，依托计算机网络和移动通信技术，由省级建立统一的服务器，让各级在相应权限下使用相关业务功能，逐级按照权限进行操作，构筑以省—市—县—炮站四级人工影响天气作业指挥和信息共享平台体系。

（2）网络需求

为规范省、市、县、炮站四级人工影响天气业务流程，解决远程系统间信息互通的问题，将分散的业务数据进行集中的数据整合，对信息共享和信息交换集中进行管理，按照权限采用集中式网络服务，实现数据同步更新。省、市、县、炮站共享同一个服务器，各级部门按照不同分配权限进行管理。

（3）功能需求

①作业方案设计

根据重大天气过程、烟草电力精细化服务、重大社会活动保障等方面的要求，由省级指挥中心进行作业总体方案设计，并将相关内容推送到涉及的市、县和炮站。

②作业决策分析

以省级云降水精细化分析为基础，结合贵州省气象台、贵州省气候中心、贵州省山地环境气候研究所相关产品，将相关作业决策分析指导图文向有关市、县进行发布。

③作业预警指挥

以省级雷达指挥为基础，将针对具体作业点的作业预警和作业参数向有关市、县和炮站进行推送。

④作业空域调度

基于语音和计算机辅助在平台上建立作业空域调度的专门通信渠道。

⑤作业状态显示

展示作业的实时情况，包括飞机、高炮、移动作业车辆，同时显示三维雷达回波、卫星云图、闪电定位等监测信息。

⑥作业实景监控

通过在炮站安装无线 3G 视频监控设备，使省、市、县三级指挥中心能全程监控炮站作业和操练，并将重要的图像保存。

⑦作业集群对话

组建若干级作业语音集群，包括省市群、市县群、县站群，上级在必要时可进入下级群，省、市、县三级指挥中心的对话载体为计算机，炮站的对话载体为作业通信终端。

⑧作业通信终端

根据炮站和移动作业车辆的实际情况，选择触摸式一体机、平板电脑、手持终端等多种信息载体，开发可在作业现场投入实际应用的作业通信终端，使炮站和移动作业车辆能保持和各级指挥中心的联系，快速获取作业指令，及时上报作业信息。

⑨作业情报收集

作业情报收集主要包括作业信息和灾情信息。炮站收集有关技术数据和资料，并及时报送上级人工影响天气作业指挥中心。

⑩作业信息管理

根据省级指挥中心的要求，有关作业装备、作业炮站、作业人员、弹药管理的相关信息，由县级在规定时间录入和更新，市级进行审核，最后省级汇总入库。

3.2 系统设计

人工影响天气作业指挥与信息共享平台的总体技术模型依托现有的信息化基础设施，以数据集中管理和综合分析为基础，以人工影响天气科研、业务和管理为向导，构建统一的应用集成平台，实现人工影响天气数据观测、分析、预警、决策、指挥、调度等业务的协同，实现业务管理流程与相关信息资源的一体化，完成省—市—县直至所有作业外场的常规、专用信息以及指挥产品的上、下行的有效传输。

3.2.1 平台模型

人工影响天气作业指挥与信息共享平台的总体技术模型由基础设施层、数据资源层、应用集成层、数据服务层、应用系统层、信息展现层以及信息安全和组织保障体系构成。平台技术模型如图 3-1 所示。

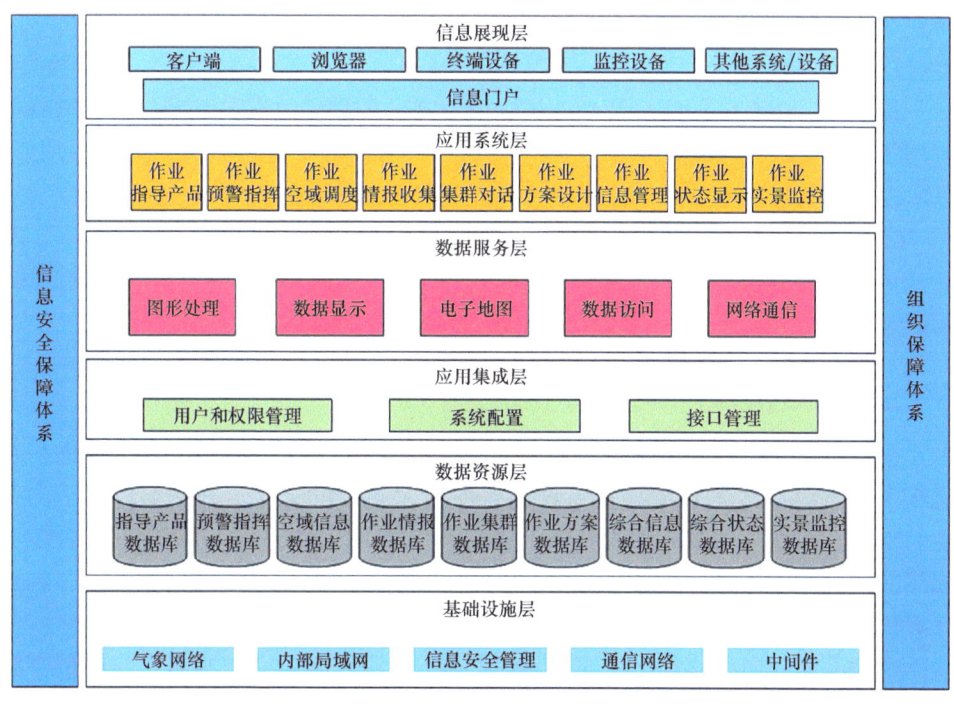

图 3-1 平台技术模型

（1）基础设施层

该层提供平台的基本网络操作系统、桌面操作系统、中间件及企业级数据库管理系统等基础软件环境，提供信息化系统运行所依赖的存储设施、计算设施、网络设施等，是信息化建设必需的网络、软硬件基础设施。

（2）数据资源层

该层是平台的信息资源中心，主要集中存储了各子系统所需要的各种信息数据。它是在统一的数据标准与技术规范的规定下，由综合观测数据库、基础地理数据库、预警指标数据库、作业信息数据库、空域信息数据库、综合管理数据库等组成。

（3）应用集成层

该层负责提供应用系统的开发和一体化系统配置集成。主要实现统一用户和权限管理、系统配置以及接口管理。在此基础上逐步形成基础管理平台，支持各类应用的开发和集成框架，支持完整的业务和管理信息系统及其一体化协同运行。

（4）数据服务层

该层主要依托相关的管理软件和工具实现各种数据资源的集中统一处理和访问，并能结合GIS将各种人影指导产品、气象资料数据等显示在相关系统平台上。

（5）应用系统层

该层是应用系统的实现及功能层。建立在"应用集成层"基础之上，与具体应用需求相结合，开发并集成各类业务系统和管理应用功能以及信息服务功能，以实现作业分析预警、调度指挥以及综合信息管理等。

（6）信息展现层

该层是系统信息同业务工作人员的交换窗口。系统信息主要通过信息门户、系统客户端、浏览器、移动设备、大屏幕等展现给相关业务人员。

3.2.2 网络部署

平台的计算机及通信网络为业务运行提供环境支撑，网络与通信的畅通与否直接关系到整个人影业务技术系统能否快速、高效的运行。它主要着眼于沟通省、市、县、炮站四级人影业务部门和上级管理部门、空域管制部门、气象业务部门的信息传输任务。人影业务系统网络主要依托公共信息高速公路，充分利用计算机、网络和移动通信技术，在贵州省气象省地专线网络基础上构建集硬件、软件、数据库和通信终端与线路为一体的综合性开放网络，实现各部门间信息准确、快速的双向传输。

目前，贵州气象专线网络已经覆盖省、市、县三级人工影响天气指挥中心，业务信息交互均可在此基础上完成。但是，作业炮站大都处在比较偏僻的山村，没有计算机上网的条件。因此，炮站进入平台需要通过移动GPRS（全球移动通信系统）和电信3G的方式实现。在构建数据环境方面，由省级建立作业指挥服务器和信息共享服务器。作业指挥服务器主要承载涉及公网连接和语音交互的部分，信息共享服务器主要存储作业流程和作业管理的相关业务数据。平台网络部署如图3-2所示。

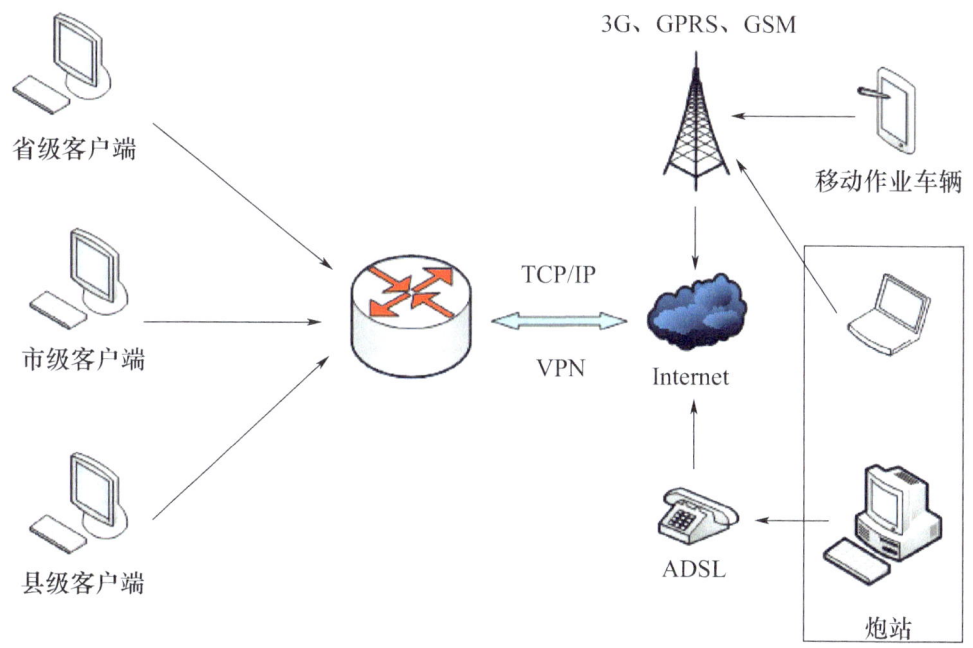

图 3-2　平台网络部署

3.3　系统功能

　　人工影响天气作业指挥与信息共享平台各组成部分按照统一的数据部署、统一的地理信息、统一的开发环境进行集成。针对整个系统的实现方式，按照 B/S 和 C/S 的混合架构进行开发，同时，充分利用公网资源和已有成熟技术，避免重复建设。作业指挥和信息共享的主要功能通过 B/S 架构开发，C/S 架构主要解决需要占用较大本地资源的部分，公网资源结合专线资源实现音视频信息交换和集群对话。功能流程按照涉及的各级对象进行设计。信息交互按照相关作业点对应所属的市、县进入相应数据库，并经 Web 服务器通过省—市—县网络系统进行发布，省、市、县可根据权限在平台网页上以二维 WebGIS 直观地同屏显示和获取，并以不同的颜色、不同的图像填充方式进行直观显示。平台功能关系如图 3-3 所示。

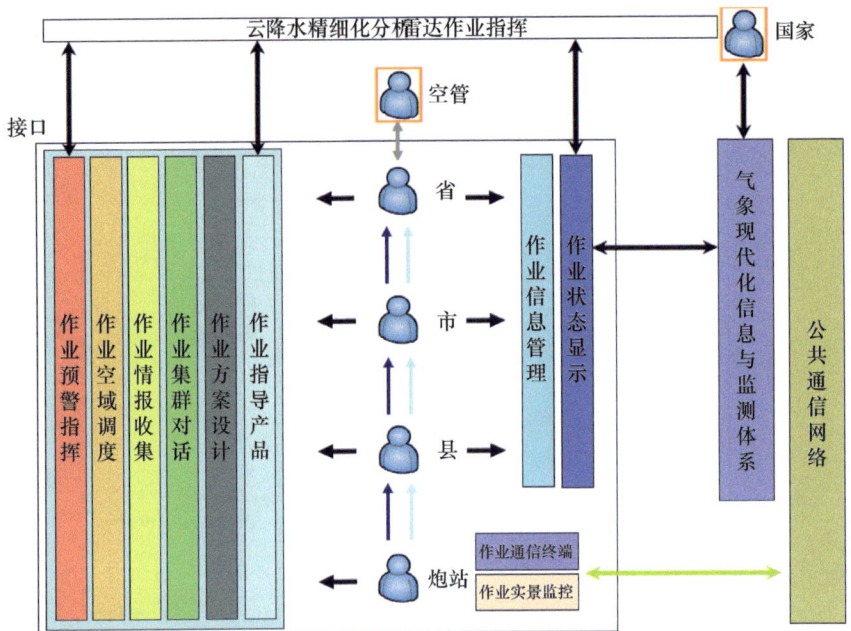

图 3-3　平台功能关系

3.3.1　基础功能开发

作业信息管理和作业状态显示两大功能属于基础功能，是对全省与作业相关的信息进行动态化管理和展示的基础。

（1）作业信息管理

建立综合信息数据库，分表存储各类作业信息。主要包括弹药信息表、人员信息表、装备信息表、炮站信息表。各表之间可按照管理归属关系进行关联，并由各级用户进行查询、显示、修改、添加、删除、导入和导出等操作。如图 3-4 所示。

图 3-4　平台用户登录界面

（2）作业状态显示

基于二维和三维 GIS 平台对天气背景、监测预警、炮站作业情况、移动作业车辆位置、增雨飞机轨迹等构成的实时作业场景进行直观显示。GIS 信息在各级客户端本机提取，作业状态信息从作业状态数据库提取，省级使用三维 GIS 平台并按照涉密规定进行部署，市、县使用二维 GIS 平台。如图 3-5 所示。

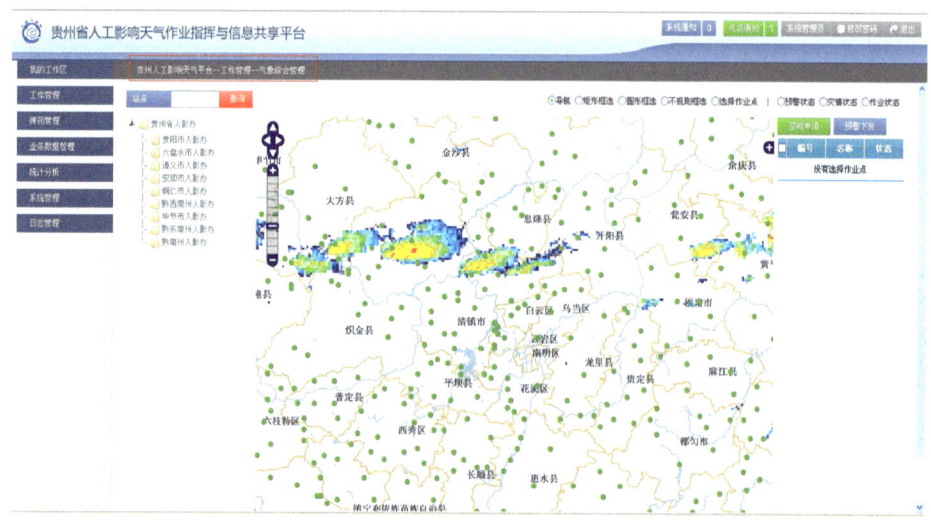

图 3-5　平台作业状态显示界面

3.3.2　特定功能开发

作业通信终端和作业实景监控两大功能属于特定功能，主要针对炮站的实际需求进行定制开发。

（1）作业通信终端

作业通信终端采用技术成熟的信息载体进行嵌入式开发，基于移动通信网络与作业指挥服务器进行连接并交换信息。炮站通信终端接收指挥中心发送的天气预报、作业预警和作业参数，同时将炮站实施作业的情况和作业后相关情况的收集反馈到指挥中心。如图 3-6 所示。

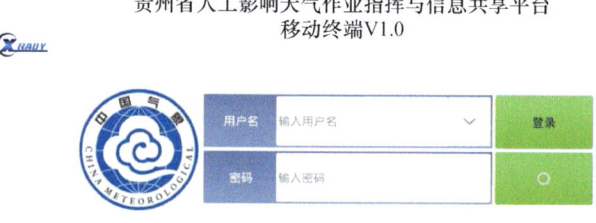

图 3-6　基于安卓手机的移动终端登录界面

（2）作业实景监控

在炮站安装基于无线 3G 的红外夜视防水视频监控摄像头一个，配备太阳能供电设备，基于公网资源实现作业实景监控。为降低维持费用，系统常态下是将录像数据保存在本地硬盘，只在各级指挥中心需要实时监控时才发送指令，将图像向作业指挥服务器传输，供各级指挥中心监控。如图 3-7 所示。

图 3-7　炮站视频监控界面

3.3.3　流程功能开发

作业方案设计、作业指导产品、作业预警指挥、作业空域调度、作业情报收集和作业集群对话六大功能属于流程功能，是以某个主体用户为基础，执行分层级、分权限的业务流程，建立在计算机辅助的基础上，使用图形学技术和数据储存、分析技术，进行全省人工影响天气作业指挥及信息交互。如图 3-8 所示。

第 3 章 作业指挥与信息共享平台

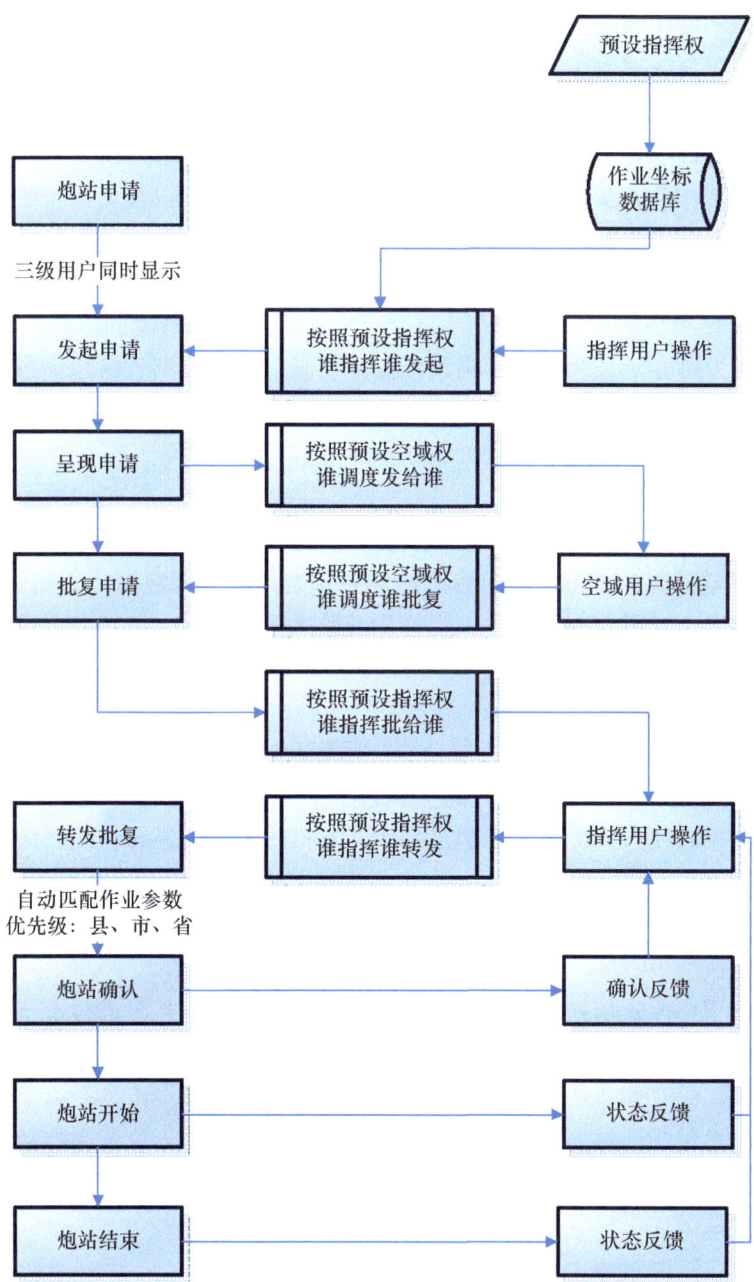

图 3-8 人工影响天气作业流程

（1）作业方案设计

为了最大程度发挥人工影响天气作业的经济效益和社会效益，必须进行科学的需求分析。系统内建作业需求分析模块，每个模块根据作业性质调取不同的地

45

理信息数据（可按照点、线、面自行编辑）进行作业方案设计，可根据应对强对流天气过程、缓解重大旱情工作的特点及区域地理气候特征，重点围绕全省烟草种植区域、小Ⅱ型以上水库和主要水电站，结合作业范围、天气条件相关背景构建作业方案设计平台，使省级指挥中心基于GIS平台制作针对某次天气过程和某次重大活动的作业方案，明确涉及的市、县和作业工具，以及飞机航线、作业防护圈等，并选取主要信息（时间、地点、对象、内容）向有关对象推送。

（2）作业指导产品

作业指导产品主要来自人工影响天气作业决策分析系统的云降水精细化分析，以及省人影办对涉及人工影响天气业务的基本气象观测资料和预报产品的常规分析，从开发的高效性、集约化、多功能、易升级等方面考虑，指导产品分发只需将图文产品结果通过平台按对象分发即可。

（3）作业预警指挥

作业预警指挥包括作业预警和作业参数。在天气过程中，首先以雷达三维拼图和短时临近预警为基础，将分等级的作业预警信息向回波即将影响的有关市、县及炮站推送，再以单站雷达体扫资料和回波推演为依据，测算出方位、仰角和用弹量等作业参数，实时向回波已经影响的有关市、县及炮站推送。

（4）作业空域调度

因省级与空管之间还未实现信息交互网络化，作业空域调度仍以语音为主、计算机信息为辅。流程分为自下而上和自上而下，作业申请自下而上，按照炮站—县—市—省或炮站—市—省的流程用计算机图形方式进行，配以声音、闪烁和列表信息等直观显示，方便各级值班人员操作使用。作业批复自上而下，按照省—市—县—炮站或省—市—炮站的流程用语音方式进行，事后补录相关信息。

（5）作业情报收集

炮站利用作业通信终端将作业信息和灾情信息上报，县级进行审核，然后市级审核，最后省级汇总入库。特殊情况下，各级指挥中心还可要求炮站采集作业现场的照片。没有作业通信终端的炮站，信息通过语音上报市县，由市县代为录入。作业信息包括炮站名称、作业类别、弹药批号、作业方位、用弹量、申请作业时间、批准作业时间、作业人员数量、作业前后天气变化等。灾种类别有冰雹、大风、暴雨、干旱等。

（6）作业集群对话

对应作业空域调度的语音方式。

3.3.4 接口功能开发

人工影响天气作业指挥与信息共享平台的核心是解决省—市—县—炮站之间业务产品发布和作业信息互动的问题，在切实提升作业决策和指挥的科技含量方面则需要技术支撑,因此在作业指导产品、作业预警指挥、作业状态显示方面涉及接口功能开发,这不仅提高了指挥平台的代码重用度和可维护性,也使得指挥平台进行功能扩展的难度大大降低。作业指导产品引入中国气象局人影中心云降水精细化分析产品,作业预警指挥引入经雷达测算的精细化作业预警和作业参数,作业状态显示引入单站及拼图雷达资料三维显示及其他气象监测信息。如图 3-9 所示。

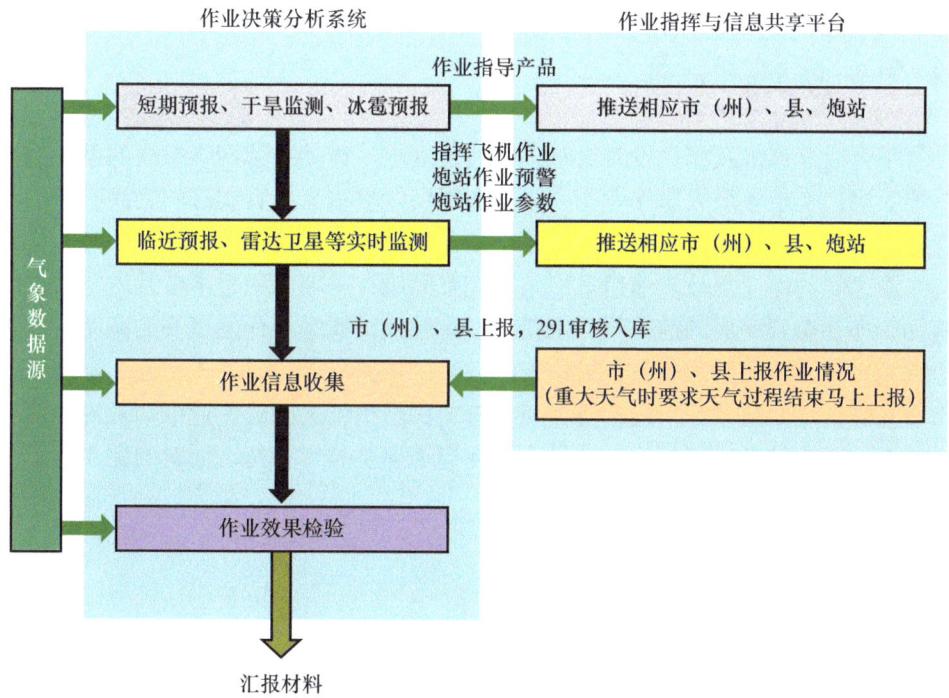

图 3-9　作业指挥与信息共享平台、作业决策分析系统之间的关系

第 4 章 作业空域管理系统

4.1 系统概述

平台以计算机及相关设备为基础，通过固定、移动通信网络组成的系统提供监控手段，实现省级人影作业指挥中心和军民航空中交通管制部门之间有效的信息自动生成、处理、传递和显示。整个平台建设主要定位在解决最为关键的空管与人影之间的作业空域申请信息网络化交互问题，一期工程暂不涉及航空数据的叠加，即在协调完成的前提下，依托具备军航或民航系统开发资质的高新科技产业公司，开发自动化程度高、通信安全性高、数据可靠性强的贵州人工影响天气作业空域信息交互平台，既实现贵州人影与民航空管之间的作业申请批复通信方式更新，又为航空管制部门快速批复作业申请提供技术支持，同时确保飞行安全和信息安全。

4.1.1 建设原则

（1）实用性

由于本系统是业务系统，效率要求高，因此，各种功能、性能及技术参数符合惯例和操作者的习惯，方便用户操作。

（2）实时性

各种人影业务信息要及时进行传送。

（3）稳定性

系统是 7×24 h 运行，系统要有很强的稳定性，包括采用冗余设计、系统多种工作方式、系统监控接口设计等多项先进技术应用。

（4）安全性

系统中涉及人影作业信息、航行信息等，属于保密信息，系统充分考虑安全性，采用数据加密技术、VPN 技术等保证系统的安全性。

（5）扩展性

系统应尽量考虑扩展性，方便未来对新的应用系统的集成，包括对航管雷达、航行情报的接入。

4.1.2 建设内容

系统以信息安全保障技术为基础,利用计算机网络和移动通信技术处理作业空域申报和批复等实时信息,重点建设三条信息链路,部署硬件设备,开发软件系统,设置系统接口:一是省人影办与国家人影中心、区域人影中心之间的业务信息链路及系统;二是省—市(州)—县—炮站四级人工影响天气业务信息链路及系统;三是省人影办与空域管制部门之间的空域信息链路及系统。

(1)省级系统按照国家级、区域级系统的相关技术要求进行同步建设,包括空管—省级系统建设、国家级—区域级—省级系统建设,主要涉及民航贵州空中交通管理分局、空军磊庄机场航调室和贵州省人工影响天气办公室,空域接口与周边空管部门衔接,业务接口与国家级人影中心、区域人影中心衔接。

(2)省级以下系统结合贵州省人工影响天气业务系统集成进行省级—市(州)级—县级—炮站系统功能完善。包括1个省、9个市(州)、84个县、450个固定作业炮站、100台移动火箭车。

(3)结合贵州省冰雹防控工程技术研究中心建设,制定贵州省人工影响天气作业空域申请的相关业务规范。

4.2 系统功能

4.2.1 总体功能

(1)空域申请批复

规范的人工影响天气地面对空作业空域计划申请采用下列两种模式:一是由县级根据作业点实况和监测指导产品直接向省级提出作业空域使用计划;二是由市级根据所管辖的地面作业点天气监测实况向省级提出作业空域使用计划。两种模式下空域使用计划流转到省级后,最后均由省级向对应的空域管制中心统一出口,转发/提出申请。

飞行管制部门接收到人工影响天气空域使用计划后,及时反馈对该空域使用计划的批准情况,并将空域批复指令回发至对应的省级气象部门,同时该空域批复指令向上级、下级对空射击业务终端自动转发,流转到该空域使用计划的源发者,并直传到作业点业务终端。

(2)实时监控

系统通过气象部门内部网络和气象—空管之间互通互联的网络专线,实现对人工影响天气作业一体化监控功能。对空射击作业空域信息(空域使用计划、空域批复指令)和地面作业信息自动存储在省级和国家级人工影响天气专用数据库中。国家级业务终端通过调用国家级人工影响天气专用数据库，省级及市级、县级业务终端通过调用省级人工影响天气专用数据库，实现对各自辖区内所有作业点对空射击作业活动的动态监控。

（3）信息管理

人工影响天气对空射击作业业务基本辅助管理功能包括对空射击适应性数据管理、对空射击空域数据维护、对空射击资料管理、时统管理、日志管理、系统管理、用户管理、网络管理、数据管理等。此外，人工影响天气对空射击作业空域使用计划、空域批复指令以及地面作业信息的查询、统计、分析等功能，主要在各级业务指挥系统中统筹设计和建设。

4.2.2 总体结构

（1）组成架构

贵州省人工影响天气地面作业空域申报系统按照全国对空射击管理系统的总体架构要求，立足本省人工影响天气对空射击作业空域管理的实际使用与空中管制部门对空射击管理需要，充分利用人工影响天气业务系统集成前期建设成果，采用成熟可靠的技术进行设计。

建设全省各级人工影响天气地面对空射击业务终端，依托空管基础通信网、气象广域网和各级局域网，并利用可用通信资源实现与空中管制部门对空射击管理系统之间的互联互通操作，协同完成人工影响天气地面对空射击作业的过程管理和作业实施情况监控。

设计的全省人工影响天气地面作业空域申报系统总体组成（图4-1）主要包括三个部分：一是将省级以下系统与国家级、区域级进行流程对接；二是省级以下人工影响天气对空射击业务体系建设（包括硬件平台和软件系统）；三是气象和空管部门的通信网络系统。其中，人工影响天气对空射击业务体系分为省、市、县和炮站共四级。

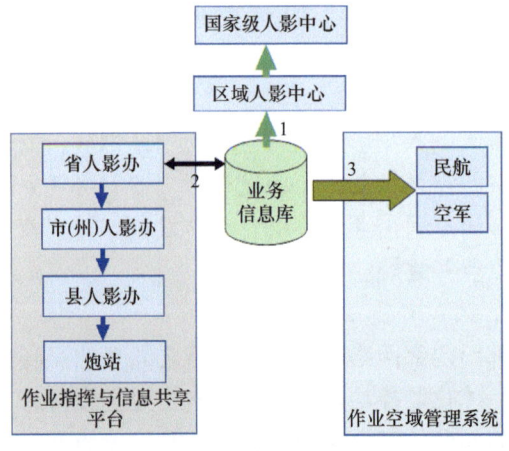

图 4-1 贵州省人工影响天气地面作业空域申报系统结构图

（2）功能架构（图4-2）

全省人工影响天气地面作业空域申报系统由对空射击空域管理、对空射击安全监控、对空射击信息服务三大部分功能组成。对空射击空域管理功能主要包括对空射击空域使用申请、空域使用协商等功能。对空射击安全监控功能即指对空射击空域使用监控的功能。对空射击信息服务功能主要包括空域使用通报、对空射击计划汇集等功能。空域计划自下向上自动流转到省级后，由省级对空射击业务终端统一向对应的空域管制部门发出申请。管制部门对管理范围内的对空射击空域使用计划通过管理系统直接批复给省级业务终端，并同步向下级转发，直达空域使用计划的源发业务终端。

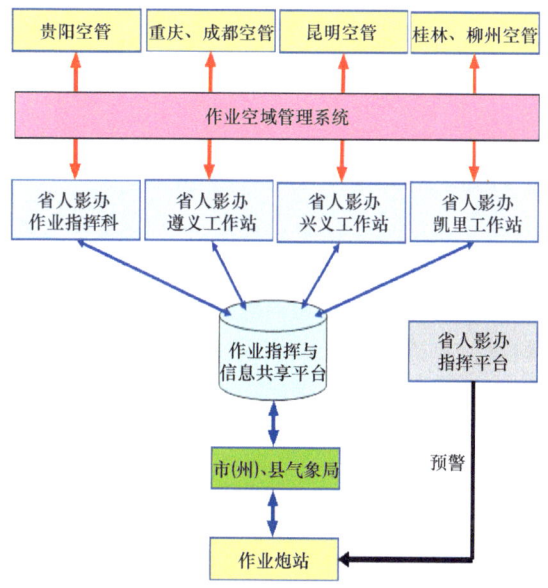

图4-2 贵州省人工影响天气地面作业空域申报系统基本功能架构图

针对需要涉及多个作业空域的问题，省级设置四个空域管理用户，分别通过系统向相应的空域管制部门提交。

（3）兼容设计

全省人工影响天气地面作业空域申报系统，按照各级人工影响天气业务指挥系统中有关对空射击管理功能的要求进行设计，实现与业务指挥系统中数据信息、对空业务和运行支撑功能间的数据交换和信息共享，满足系统横向集成需要。依托人工影响天气专用数据库信息服务功能，实现在各级业务指挥系统中的数据交换和信息共享。符合纵向体系贯通要求。

全省人工影响天气地面作业空域申报系统基本架构设计要求分为四层（图4-3）：

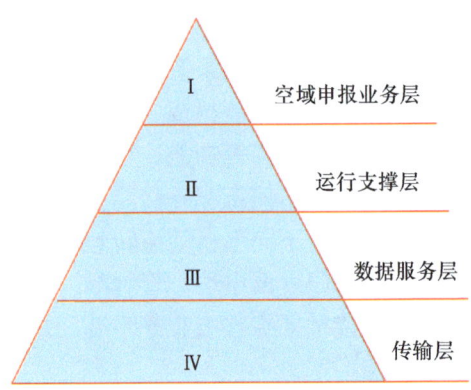

图 4-3　贵州省人工影响天气地面对空作业空域申报系统基本架构图

顶层是人工影响天气地面对空射击作业业务层，包括人工影响天气对空射击作业空域申请、空域使用计划、空域批复指令和对空射击作业信息的接收、转发，作业状态动态监控显示等。

第二层是运行支撑层，提供对空射击作业点的信息资料管理、用户管理、系统管理，为地面对空射击作业业务运行提供支撑。

第三层是数据服务层，主要进行省内对空射击作业空域信息汇总、流转，为支撑层和底层提供数据信息支持。

底层是传输层，对内通过气象广域网进行信息交互，对外通过综合接入网关与空管通信网络骨干节点进行信息交换。

4.2.3　总体布局

在贵州省气象信息中心机房建立与军民航空管网直通专线和综合接入网关（含交换机、防火墙）；在贵州省人工影响天气办公室建立人工影响天气地面作业空域申报系统硬件平台和软件系统。在全省开展人工影响天气地面作业的 9 个市（州）、84 个县（市、区）气象部门建立空域申报硬件平台和软件系统，并在 450 个固定作业点和 100 台移动火箭车配置空域批复直达终端。

省气象局租用电信运营商的 SDH 专线就近接入贵阳空域管制中心，通过综合接入网关实现信息通信，通过防火墙实施必要的边界隔离和访问控制。各级气象部门之间的信息交互主要基于气象广域网和各级局域网，并进一步完善覆盖国家级直至县级在内的各级人工影响天气作业组织、实施单位的对空射击空域计划申请、空域批复指令的通信网络。县级气象部门与作业点之间的通信网络结合当地条件，采取有线和无线等各种有效途径自行加以解决。

（1）信息流程（图 4-4）

气象部门负责建设全省人工影响天气地面作业空域申报系统。该系统依托各级局域网和气象广域网进行气象部门各级业务终端对空射击作业空域申请与批复指令的流转传输。这些空域信息流通过省级人工影响天气指挥中心和相应空中管制部门之间建立的通信专线进入空管通信网络后,由其依靠自身内部主干网络进行信息流的传输。

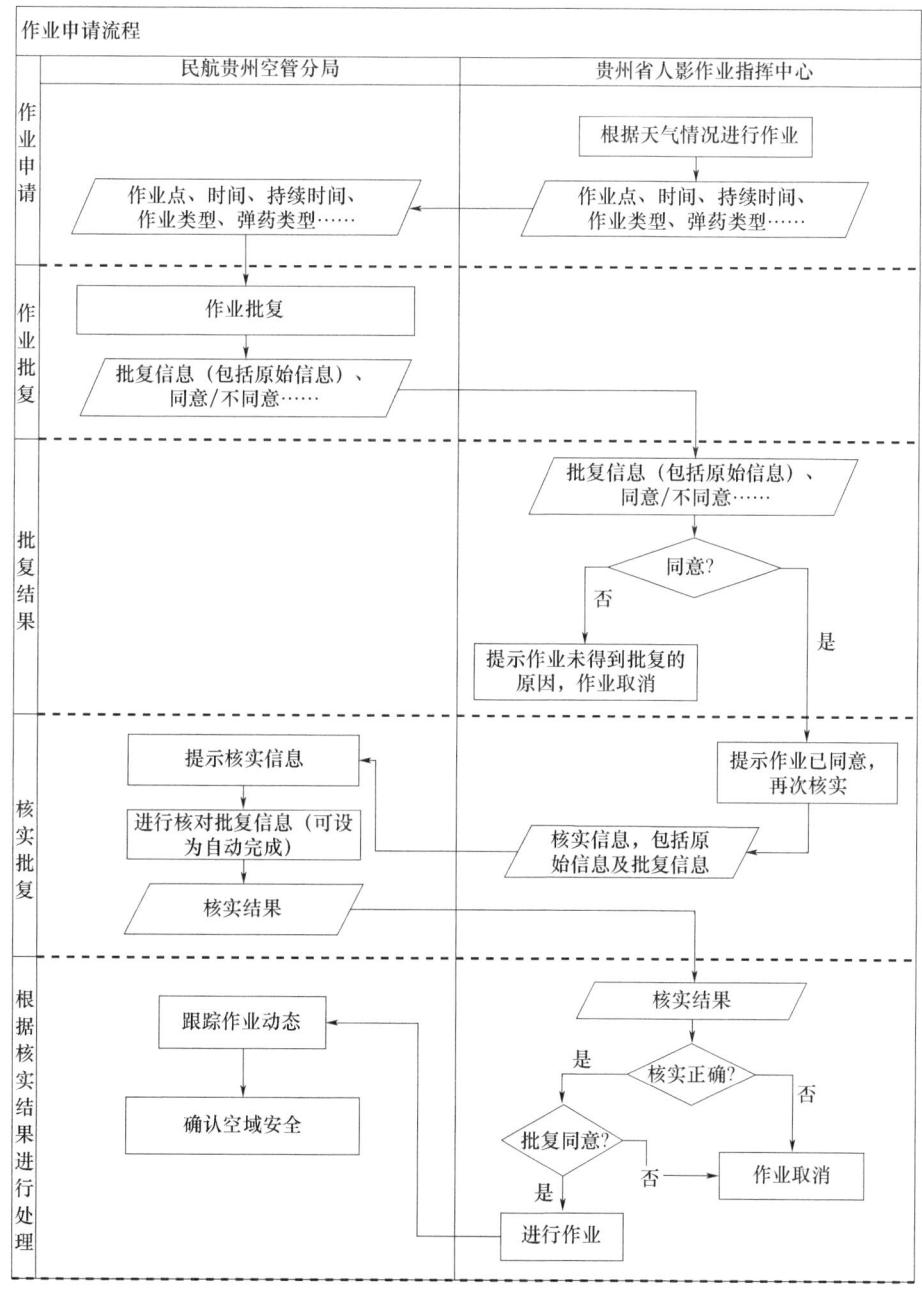

图 4-4　空管—省级系统作业申请流程图

气象和空管部门各级对空射击业务终端在完成人工影响天气地面对空射击作业空域申报、批复的同时，利用自动接收、存储、转发的空域信息，实现对全省范围人工影响天气地面作业状态的实时监控。

（2）接口设计

省气象局与全国空管通信网络骨干节点的网络直通专线提供与网络接入设备（综合接入网关、交换机、防火墙）连接的统一数据接口。

省级、市（州）级、县级对空射击业务终端软件系统，为气象和空管网络提供与交互服务器和人工影响天气专用数据库/监控服务器连接的统一数据接口。

地理信息支持系统提供与省级对空射击业务终端专用数据库/监控服务器和市级、县级业务终端专用电脑连接的统一数据接口。

此外，省级、市（州）级、县级对空射击业务终端软件系统还提供包括空域信息的数据共享接口。

（3）技术性能要求

省气象局与空域管制部门的通信网络系统，能够满足全国人工影响天气地面对空射击业务空域计划申请和空域批复的实时交互、稳定运行，且今后可随业务扩展需要进一步升级带宽。

气象和空管通信专线网络接入的综合接入网关设备和必要的防火墙、交换机，符合国家航空管制部门安全规定，能够确保人工影响天气地面对空射击作业空域申报信息数据传输和网络交互的顺畅、安全，实现内网和外网的网络隔离。通过接口和信息规范控制发送方、接收方的身份，传输信息类型，加强系统的安全性。

省级、市级、县级、作业点各级人工影响天气对空射击业务终端的硬件平台能够对全国范围和各省辖区内空域信息（作业信息）实时地接收、申请、批复、转发，同时实现对作业状态的实时监控显示等。各级业务终端软件系统能够实现本级功能完成对作业空域使用计划的实时申请和空域批复指令的自动接收、上下级同步转发。

制定开展人工影响天气对空射击作业空域申报业务所必需的相关业务管理规范，为人工影响天气对空射击业务服务提供必要的保障。

4.3 系统建设

4.3.1 空管—省级系统

（1）硬件部署

采用有线网络通信模式，租用或建设一条省人影办到空域管制中心的数据专线，实现空域信息网络化交互。省气象局的本地综合接入网关通过 SDH 专线与空管部门的信息传输平台互联，按照空管部门的通信协议要求实现业务数据传输。与空管部门通信的交互服务器利用双网卡（分别称为"外网卡"和"内网卡"）实现内外数据流的分离，即通过"外网卡"实现与空管部门的通信，其 IP 地址根据空管部门的统一规划和设计进行分配，"外网卡"的网关设置在综合接入网关上；通过"内网卡"实现与气象部门内部的通信，其 IP 地址根据气象部门已发布的《全国气象网络系统 IP 地址分配方案》进行分配，"内网卡"的网关设置在防火墙上。连接交互服务器的交换机通过划分不同的 VLAN 实现内外网卡数据流的隔离。进行边界隔离的防火墙通过路由方式实现与内部局域网的通信。如图 4-5 所示。

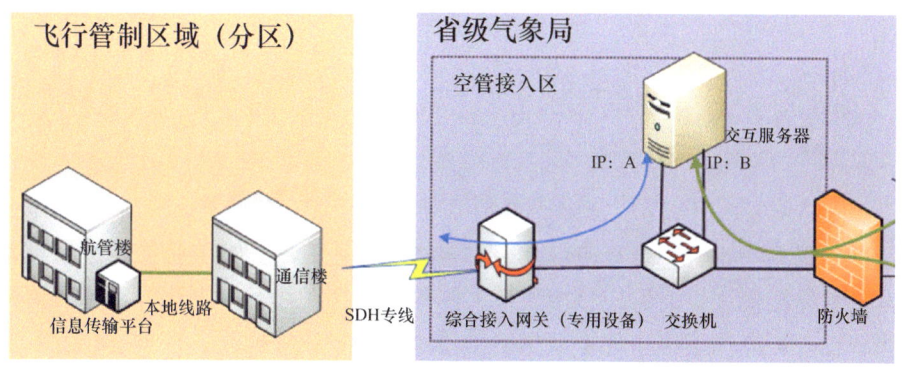

图 4-5　空管—省级系统有线网络部署示意图

省级节点的人工影响天气数据库／监控服务器部署在内部局域网中，一方面与空管接入区内的交互服务器通信，一方面将收集的信息提交、汇总到国家级的人工影响天气数据库／监控服务器中。省级与国家级节点间的人工影响天气数据库／监控服务器的信息通信基于全国气象宽带主干网络完成。依托可靠的移动通信网络平台，实现人影作业空域申请批复全程信息化、数字化、自动化，从而规范申请流程，提高作业批复率和人影作业管理水平。

目前贵州省正在建设的民航—省级"作业空域管理系统"（图 4-6）是西南区域首个通过与民航合作实现空域申请批复信息化的系统，根据贵州省人工影响天气业务系统集成建设的要求，系统通过专用线路连接民航贵州空管分局和省人影办，并与作业指挥与信息共享平台实现对接，并设置空域系统接口，作为民航申请的实时作业空域报备系统。

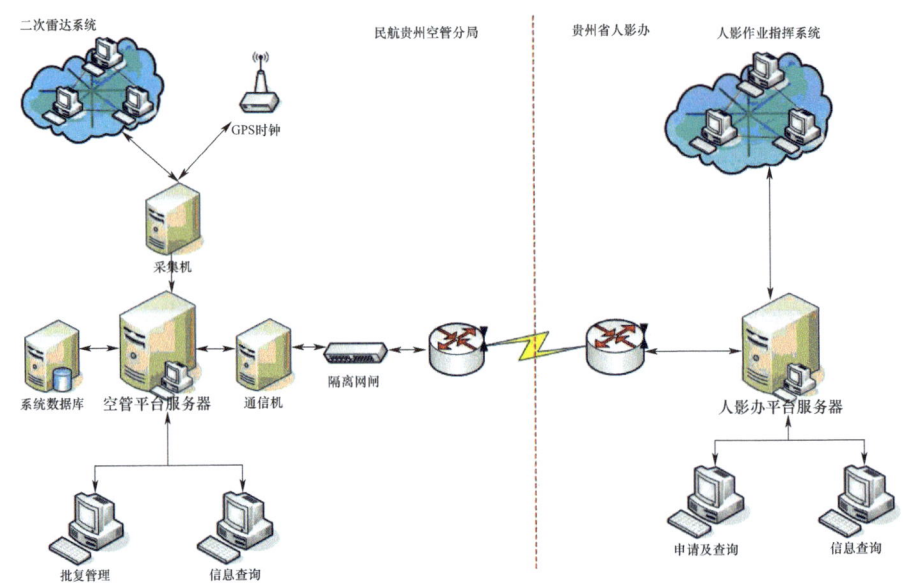

图 4-6 民航—省级系统建设网络部署示意图

在人影办作业管理计算机中部署本系统炮射作业申请及复核模块、炮射作业基本信息传输模块、时钟校核模块、人影作业指挥调度及安全监控系统数据接口模块；在人影办通信机中部署数据通信模块、时钟校核模块；在炮射作业管理计算机中部署炮射作业基本信息处理模块、炮射作业批复及确认模块、炮射作业辅助决策支持模块、信息可视化模块、航管系统数据接口模块、时钟校核模块。整体硬件及网络构成系统运行平台。

（2）软件开发

按照中国气象局和国家空管委的系统建设要求，与空军航管部门积极沟通，选择具有军工保密资质的公司，在省人影办建设专用通信链路和开发可与国家级系统实现对接的人工影响天气地面对空射击业务终端软件系统，用于空域信息转发服务和数据库/监控服务，功能具体包括对空射击空域信息（空域使用计划、空域批复指令）的接收、转发，作业信息的接收、转发，地面作业状态监控，各种信息的存储、管理以及系统维护、时统管理等辅助功能。

省级节点的人工影响天气数据库/监控服务器部署在内部局域网中，一方面与空管接入区内的交互服务器通信，另一方面将收集的信息提交、汇总到国家级的人工影响天气数据库/监控服务器中。省级与国家级节点间的人工影响天气数据库/监控服务器的信息通信基于全国气象宽带主干网络完成。在省级对空射击业务终端软件系统建设中，同时预留与贵州省正在建设的人工影响天气业务系统的接口，通过接口协议和相应的信息安全防护措施进入作业指挥与信息共享平台。空管—省级系统工作运转流程如图 4-7 所示。

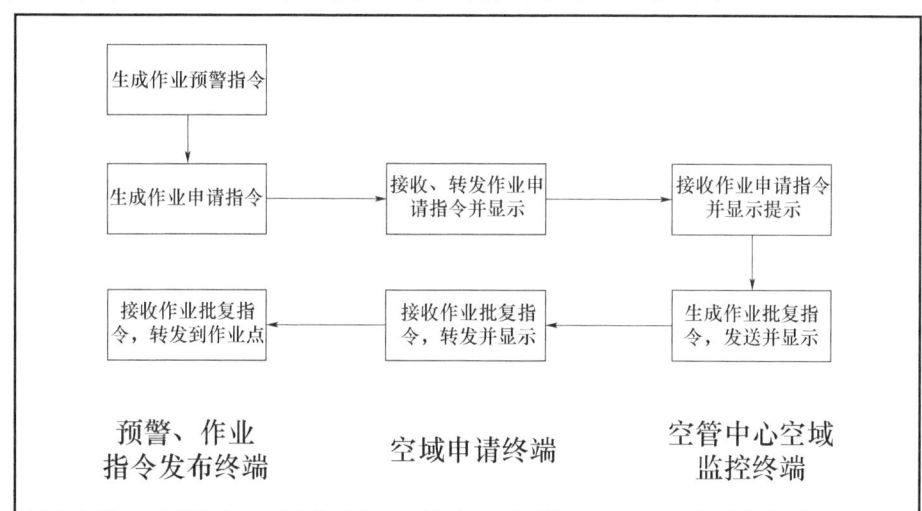

图 4-7　空管—省级系统工作运转流程图

系统功能包括：

① 贵州管制区范围内炮射（包括火箭）作业点的数据查询及可视化显示；炮点代号与坐标、地理地名相关，与人影办相关联。

② 历史人影作业数据的查询统计。

③ 炮射作业辅助决策支持，根据炮射作业点及相关信息提示辅助意见。

④ 人影炮射（包括火箭）作业的申请数据请求接收；人影炮射（包括火箭）作业的申请数据请求数据显示及可视化显示；炮射作业审核回复功能，航管人员回复申请请求，是否同意作业，并进行校核。

⑤ 数据实时传输，能及时传输各个业务请求信息及业务状态信息。

⑥ 保证数据传输的安全性。

⑦ 二期扩展接入空管部门相关航管数据：飞行计划、航管雷达、航行情报等。系统采用友好的可视化界面进行设计，将航线信息、飞行器信息、炮点信息、炮点作业信息等进行集成，采用 GIS 技术，实现信息可视化。

系统与省级以下系统之间的接口功能包括：

① 系统实现人影作业信息共享，并实现报警提示，实时从作业指挥与信息共享平台获取作业信息。

② 由专线/VPN 或应急电话拨号方式将作业信息通过通信机传送到系统数据库中，通过批复后返回。

③ 系统提供人影作业申请客户端软件及空管批复端软件，并提供接口供作业指挥与信息共享平台进行集成。

④ GPS 时钟源与空管系统时间一致，可将空管系统时间对省级以下系统进行同步更新。

（3）接口开发（图 4-8）

针对六个作业空域，全省分为四个空域管理用户进行管理，省人影办作业指挥科处理贵阳空域信息，遵义工作站处理重庆、成都空域信息，兴义工作站处理昆明空域信息，凯里工作站处理桂林、柳州空域信息。省级系统作为空域信息交换的中枢，接收来自各个空域管理用户的申请，然后向对应的空军或民航管制部门发送，得到批复后，自动回复相应的空域管理用户。

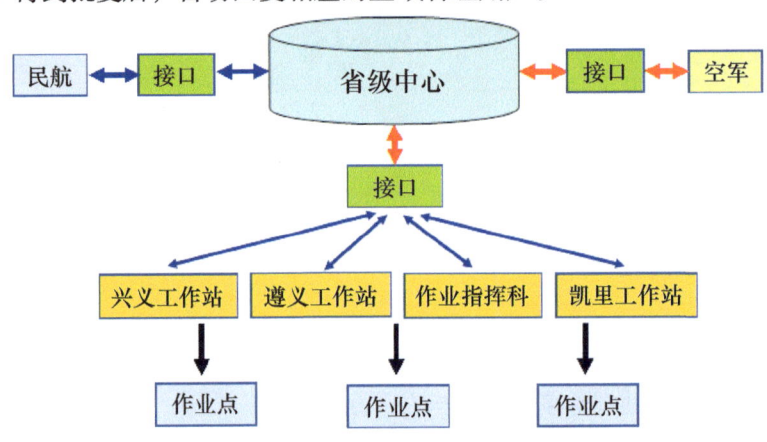

图 4-8　空管—省级系统接口示意图

4.3.2　国家级—区域级—省级系统

国家级—区域级—省级系统按照全国人工影响天气地面作业空域申报系统和西南区域人工影响天气业务平台的技术要求进行统一部署和系统开发。

（1）硬件部署（图 4-9）

中国气象局人影中心在国家气象信息中心建立全国空域信息服务器和安全设备，西南区域中心在四川省气象信息中心建立区域空域信息服务器和安全设备，贵州省人影办在贵州省气象信息中心建立省级空域信息服务器和安全设备，三者通过全国气象宽带主干网络实现空域信息数据传输。

（2）软件开发

国家级—区域级—省级系统软件开发由中国气象局人影中心统一组织，省级按照相关要求进行技术对接。各级信息交互如图 4-10 所示。在开发省级系统时需要与贵州省现有业务系统空域申请接口兼容，并按照中国气象局人影中心的统一技术要求进行设计，在涉及需要协调其他省份空管区域的信息时，可实时向中国气象局人影中心和区域中心发送，并转发到相应省份的系统，获得批复后再返回。

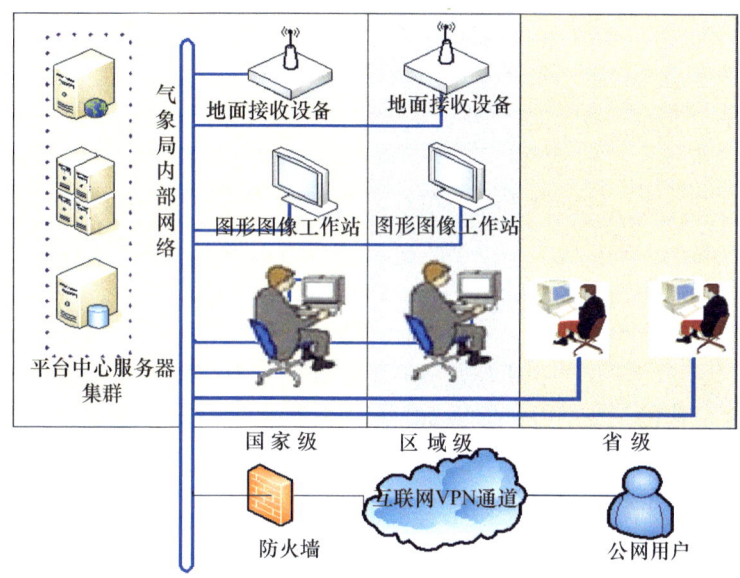

图 4-9　国家级—区域级—省级系统硬件部署示意图

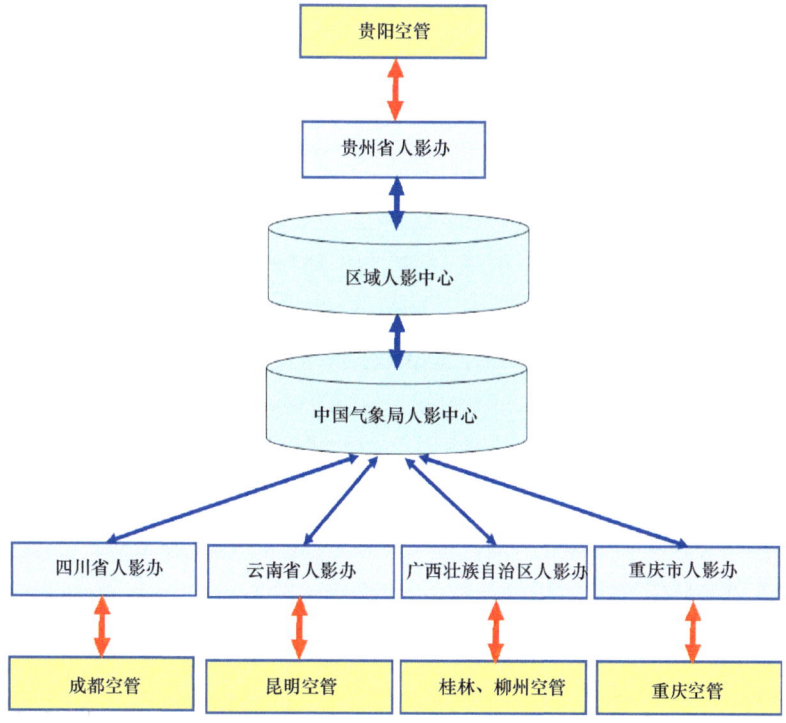

图 4-10　国家级—区域级—省级系统信息交互示意图

4.3.3 省级—市(州)级—县级—炮站系统

省级—市(州)级—县级—炮站系统主要依托贵州省正在建设的作业指挥与信息共享平台实现空域信息交互。平台针对传统通信方式不能适应日益增长的大规模作业要求，且防雹增雨主要由炮站直接申请作业，缺乏作业科学性的问题，通过引进高可靠性的数字化装备、高性能的数据储存和管理工具以及电子化的数据图形技术，研发省—市—县—炮站四级人工影响天气作业指挥系统，构建基于计算机网络和移动通信技术的新一代人工影响天气指挥平台，以改善传统的电台、电话的口语通信方式，将手工记录方式向自动化、电子化的计算机辅助作业指挥方式稳步转变，并利用覆盖全省的公共信息网络和气象省市专线网络进行消息和指令的传输，实时反映作业炮站所在地的天气状况，使指挥中心能及时了解炮站作业状态，以便于更有效地进行作业指挥和调度，实现信息化的省、市、县、炮站四级人工影响天气作业体系。

(1) 硬件部署

平台采用 B/S（浏览器/服务器）部署，省级统一管理和维护平台服务器，市(州)、县通过全省气象专线网络进行访问，炮站通过移动通信网络进行访问。省、市(州)、县三级作业指挥中心配备图形工作站，450 个炮站和 100 套移动火箭作业车配备作业通信终端设备，初步考虑炮站配备中国电信 3G 智能对讲手机，移动火箭车配备三星平板电脑。

(2) 软件开发

① 平台架构

作业指挥与信息共享平台实现省—市—县—炮站四级作业指挥调度、作业指导发布、作业信息上报与综合信息管理，基于互联网 Web 技术的 B/S 模式运行，实现及时将业务信息在省—市—县—炮站之间传递，使各级作业指挥中心随时掌握下级单位作业情况，有利于推进业务数据共享，确保资源的有效利用，规范人工影响天气作业。

平台架构具有以下特征：

基于 B/S 模式，系统内容丰富，操作界面友好，使用方便；

基于用户角色的访问控制，实现省、市、县、炮站四级用户一体化管理和实时数据同步；

基于 .NET 平台，站点的交互性和可维护性好，可扩展性强；

应用 WebGIS 技术，实现人影专题信息的地图发布；

用户包括省级用户 1 个、市级用户 9 个、县级用户 84 个、炮站及移动作业点 600 个。

② 空域申请流程（图 4-11）

省—市(州)—县—炮站通过空域信息交互功能进行关于地面作业空域申请

和批复信息的互动，同时上级可对下级进行在岗情况点名。系统采用图形点击的便捷方式，配以声音、闪烁和列表信息等直观显示，方便各级值班人员操作使用。

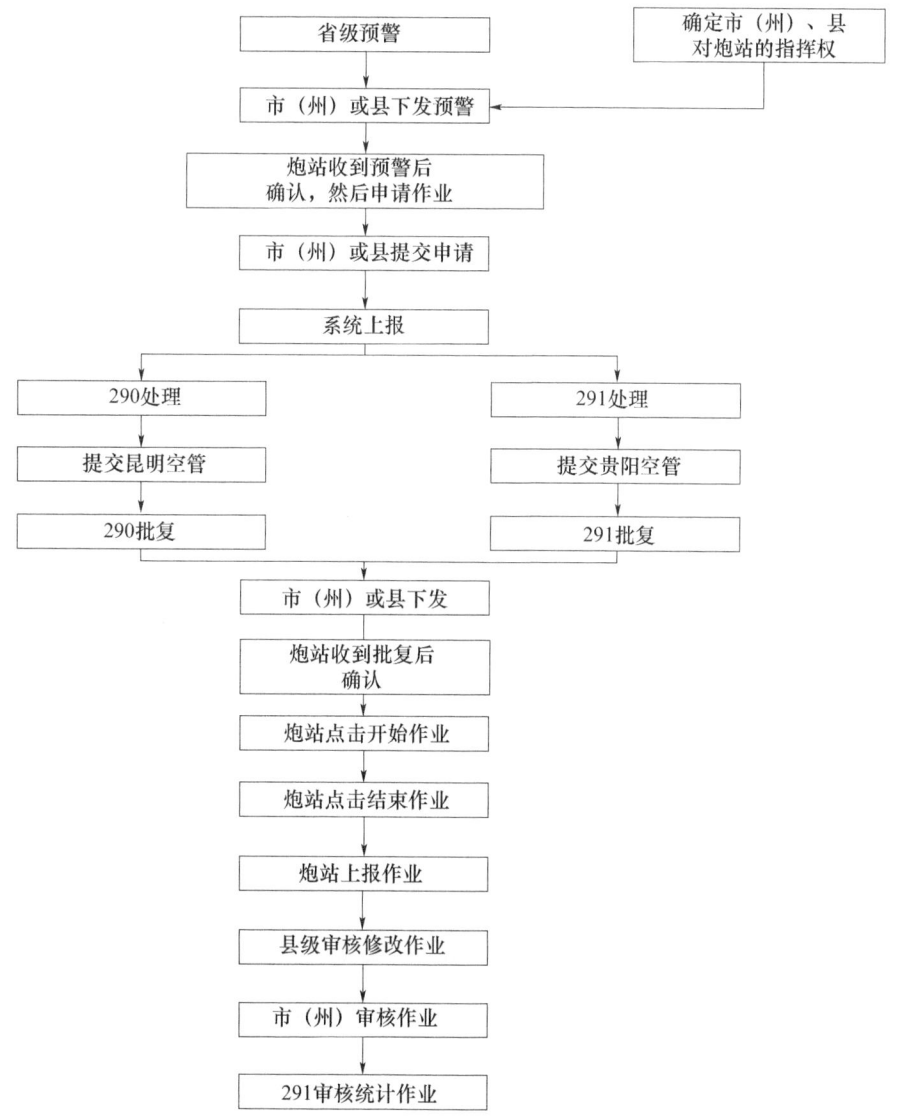

图4-11 省—市（州）—县—炮站四级系统作业流程图

交互流程为双向式，即从上到下和从下到上。从上到下的时候，由省级作业指挥中心直接向空管部门进行申请，获得时间后直接通过空域信息交互系统传达到空域信息数据库，此时市、县和有上网条件的炮站即可直接知悉，待作业结束后炮站在界面上点击"作业结束"（如未作业则点击"未作业"），暂时没有网络条件的炮站由市县代为操作。从下到上的时候，有上网条件的炮站点击"作业申请"，信息即可马上送达省级作业指挥中心，然后省级作业指挥中心向空管部门进行申请，获得答复后再执行从上到下流程，没有上网条件的炮站先通过电话、电台联系市县，由市县通过空域信息交互系统向省级作业指挥中心申请。

空域信息在网络交互的过程中，各级作业调度之间的实时视频、语音通信仍然同步开启。在省级权限中，为空管部门预留接口，以实现全方位的基于网络的空域自动化申请及批复。

③ 作业状态

在界面上直观地显示炮站及其作业预警和作业调度的状态，并以醒目的方式全面展现在用户面前。因为整个作业指挥与信息共享平台为 B/S 架构，数据源统一，因此将作业指挥及调度的有关数据引接到 C/S 的三维地理信息系统进行叠加显示，以便各级领导在指挥平台通过大屏幕进行决策。

④ 业务关联

通过省—市（州）—县—炮站四级作业指挥与信息共享平台的资源整合，可将空域申请与作业炮站、装备、弹药、人员等信息进行关联，进一步加强人工影响天气作业安全管理。

（3）业务规范

制定贵州省人工影响天气对空射击作业空域申报业务管理规范。主要包括空域申报业务管理规范、信息流程规范、作业信息数据格式规范等。

① 贵州省人工影响天气对空射击空域申报业务管理规范

根据全省对空射击管理系统项目的建设需要，对人工影响天气部门的空域管理办法、管理规范进行适当调整，对人工影响天气对空射击作业的实施单位、人工影响天气对空作业的指挥部门、各级气象主管机构的职责进行明确。

② 贵州省人工影响天气对空射击空域申报信息流程规范

随着业务制度的建立，空域信息的流程须进一步规范，包括固定作业点、移动作业点、县级作业、市级作业、省级作业、跨区域协调作业等不同的主体要建立相应的信息流程，同时需要给各级气象网络主管机构建立必要的保障制度。

人工影响天气对空射击空域管理分为对空射击计划管理和作业管理。对空射击计划管理完成对空射击的申报和通报等过程。对空射击作业管理分为作业申请管理和作业实施管理。作业申请管理包括对空射击计划各作业单元空域使用的申请、协商和批复；作业实施管理包括对空射击作业开始、结束和暂停等作业过程管理。

③ 贵州省人工影响天气对空射击作业信息数据格式规范

在人工影响天气对空射击业务各级终端，建立全省上下统一、规范的人工影响天气对空射击空域使用计划、空域批复指令以及地面作业信息的数据格式，包括信息字段、字段大小、格式等标准，使人工影响天气对空射击空域信息、作业信息与其他人工影响天气业务系统集约化建设。

第 5 章 物联网智能管理系统

物联网技术应用是未来人工影响天气作业装备、物资管理的必然趋势，对保障作业安全、掌握作业动态，进而实现对贵州全省 WR-98 型火箭作业的科学、统一管理具有重要意义。因此，贵州省人工影响天气办公室同弹药生产厂商合作，开展人工影响天气物联网智能管理系统的试点工作。

5.1 系统组成

人工影响天气物联网智能管理系统（图 5-1 和图 5-2）由下位机、服务器通信系统、上位机和身份卡组成，上位机为省人影作业管理平台，服务器通信系统包括服务器监控软件和数据库，下位机包括库房管理控制系统、弹药运输跟踪系统和火箭作业信息采集系统，身份卡包括装有 RFID 标签的 WR-98 型火箭弹和标有人员信息的 RFID 卡（图 5-3）。

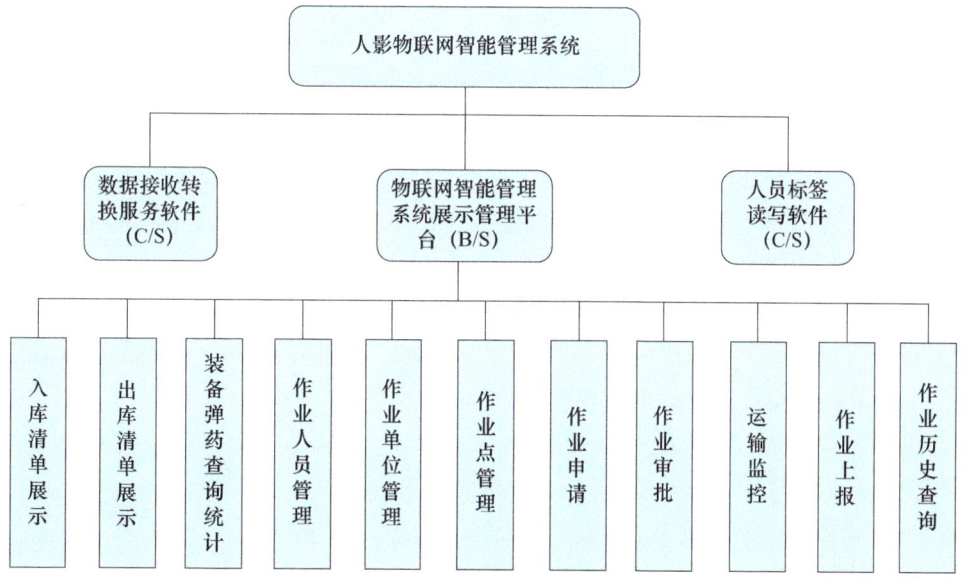

图 5-1 物联网管理系统结构图

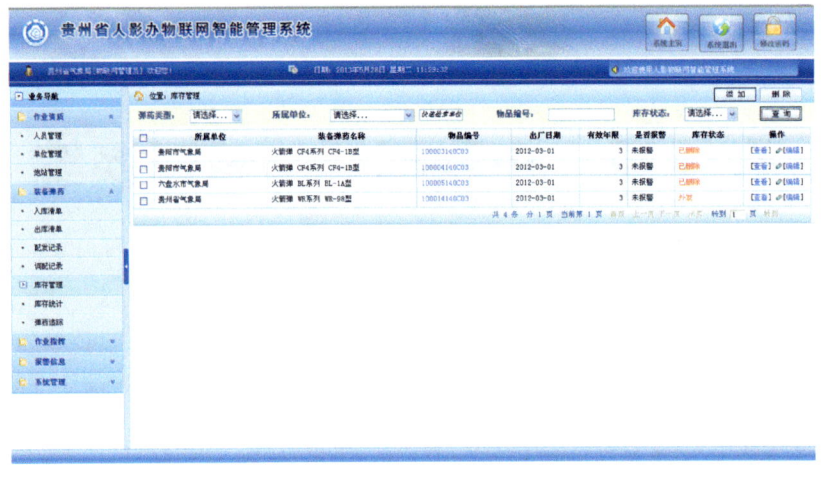

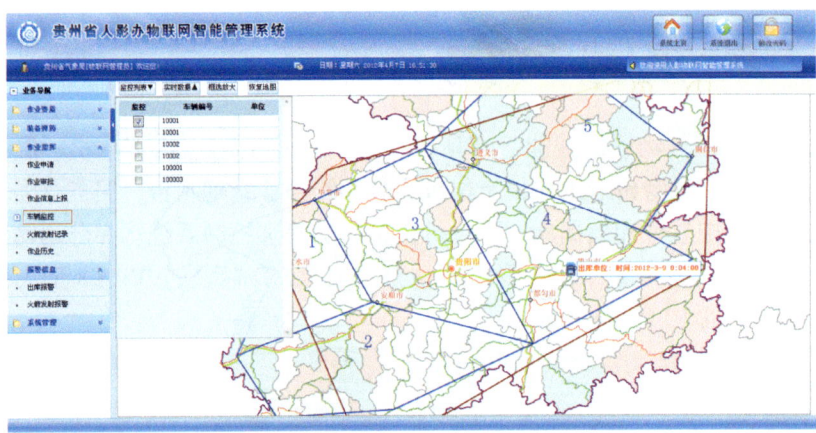

图 5-2　物联网管理系统软件界面图

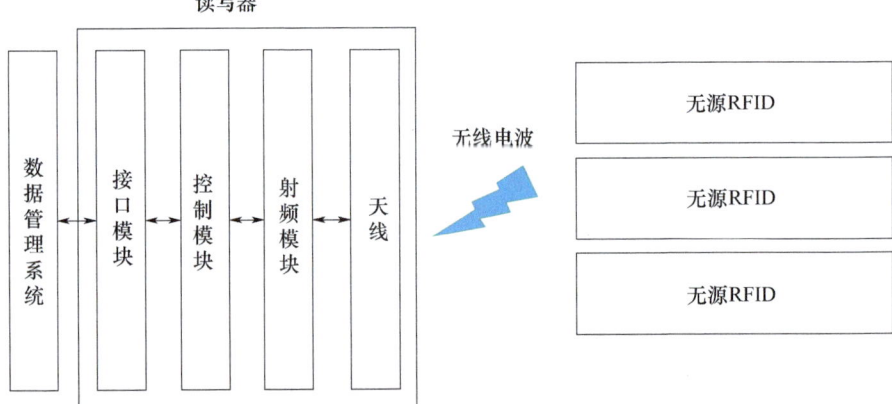

图 5-3　物联网识别 RFID 标签

下位机负责监控各使用环节对身份卡的采集信息，并上传至服务器通信系统。服务器通信系统负责监听来自所有下位机上传信息，分类后储存至服务器数据库。上位机负责从服务器数据库中提取数据并显示，形成报表以及完成其他管理功能。

5.1.1 下位机

（1）库房管理控制系统（图 5-4）

库房管理控制系统安装在各级弹药库库房入口，弹药出入库时，入库（或出库）人员刷 RFID 卡启动出入库过程，弹药通过扫描通道进入（或出库），系统自动采集弹药信息并加入人员信息，通过 GPRS 上传至服务器数据库。

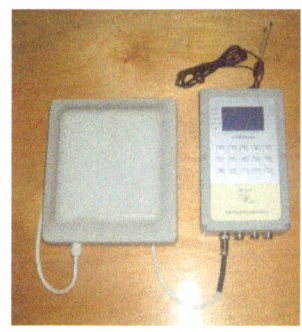 

图 5-4　库房管理控制系统

（2）弹药运输跟踪系统（图 5-5）

弹药运输跟踪系统安装在弹药运输车辆上，由车上电源供电，车辆启动，自动为系统加电，运输弹药时运输人员刷 RFID 卡启动跟踪，将运输过程行车轨迹通过 GPRS 上传至服务器数据库。

图 5-5　弹药运输跟踪系统

（3）火箭作业信息采集系统（图 5-6）

火箭（高炮）作业信息采集系统控制火箭发射，并自动采集所有作业信息（作业信息包括仰角、方位角、发射时刻、发射火箭编号、用弹量、作业位置），通过 GPRS 上传至服务器数据库。

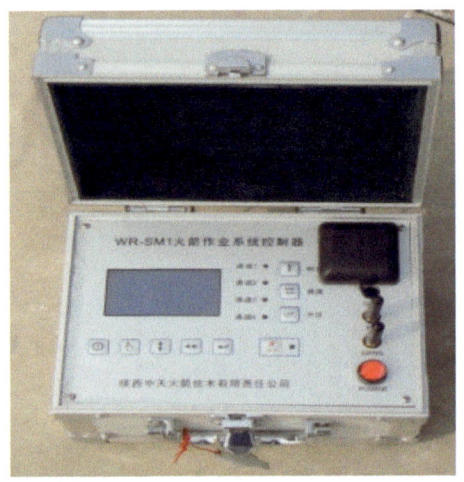

图 5-6　火箭作业信息采集系统

5.1.2　服务器通信系统

省级指挥中心安装固定 IP 服务器，或者采用动态域名解析，服务器监控软件和数据库自动监听来自所有下位机的上传数据，并存入服务器数据库中，同时通知上位机提取数据（图 5-7）。

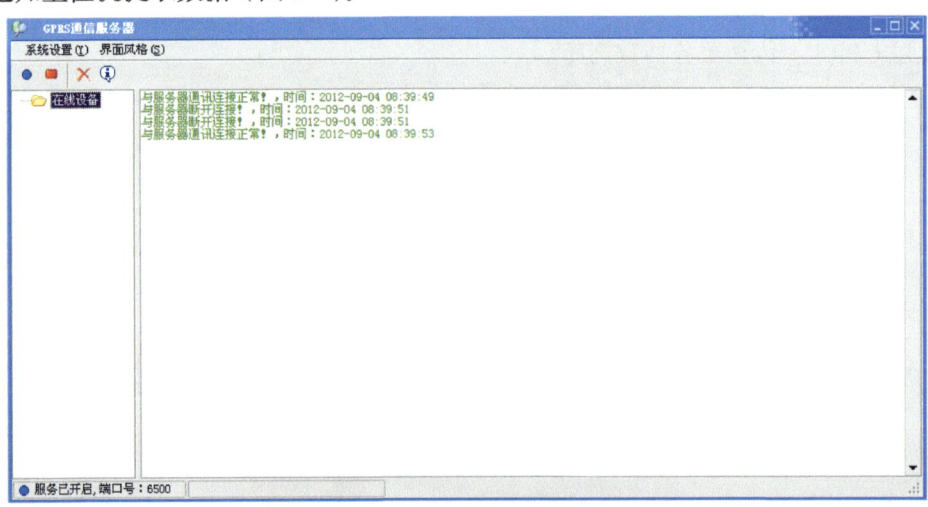

图 5-7　服务器通信系统

5.1.3 上位机

上位机调用服务器数据库数据，分析统计并显示，完成人影装备、弹药的统一管理。

系统采取目前主流的客户端/服务器模式，采用最新的GIS技术和GPS定位技术，通过GIS电子地图准确反映各地人影信息资源情况，及时准确地掌握装备、弹药、人员的实时情况，分析待命作业点作业条件，并实现对全省作业的全过程监控和管理。任何时候，任何地点，只要所在电脑的IE浏览器可以接入互联网，就可以完成本平台中的所有功能，操作灵活方便，易于管理和更新，实现一处安装，随处可以使用。

5.1.4 身份卡

身份卡采用物联网概念，在弹药和装备上安装无源RFID标签，通过无线射频识别技术、GPRS、GPS技术以及相关硬件设备和信息管理系统，对弹药从出厂、运输到发射的所有环节进行自动跟踪和管理。

通过为所有职能人员配备无源RFID卡，由相应人员在适当时机刷卡将所有环节自动衔接起来，达到弹药的闭环管理，从而减少人为因素造成的信息错误，实现人工影响天气作业现代化、智能化、科学化的管理。

5.2 系统流程

5.2.1 工作流程

人工影响天气物联网智能管理系统流程如图5-8所示。

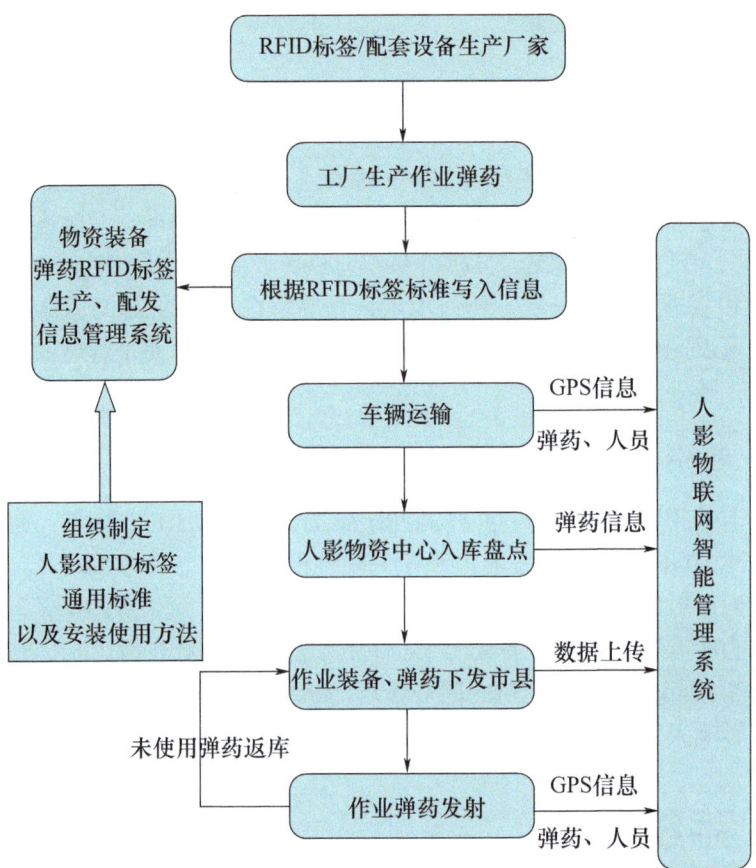

图 5-8　人影物联网智能管理系统流程图

5.2.2　主要环节

以一枚火箭弹从生产到发射的全过程为例,说明物联网智能管理系统的流转环节,如图 5-9 所示。

第 5 章 物联网智能管理系统

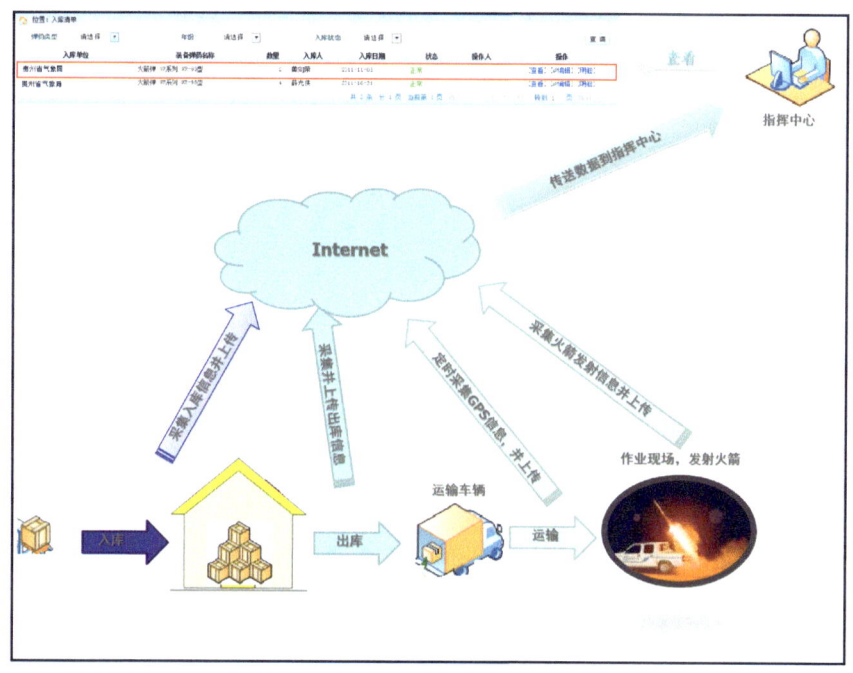

图 5-9 物联网管理弹药流转示意图

（1）火箭弹生产

在 WR-98 型火箭弹生产时将 RFID 标签植入弹体（图 5-10），作为该枚火箭弹唯一的身份标识。在此之后，火箭弹每一个环节都将纳入指挥中心的跟踪管理。

图 5-10 在火箭弹中植入 RFID 标签

（2）火箭弹运输（从生产厂家到省级弹药库）

弹药运输车辆上配备弹药运输跟踪系统，弹药运输前，运输人员在系统上刷运输身份卡，启动运输过程，弹药运输跟踪系统将车辆 GPS 信息实时传送到弹药所要运抵的省级指挥中心。

火箭弹运输信息包括弹药运输人员编号、弹药运输车辆编号（车号、单位、购买日期）、弹药运输过程中行车路线（经纬度、时间）、弹药运输起始位置、弹药运输到达位置、接收入库人员。

（3）火箭弹入省库

省级弹药库安装库房管理控制系统，弹药运抵省级弹药库后，省库保管人员刷入库身份卡，启动入库过程，火箭弹在进入库门时，库房管理控制系统通过弹体内的RFID标签自动记录火箭弹的身份标识号码，同时，所有的信息实时传输到省级指挥中心服务器。

火箭弹入库信息包括入库人员信息（姓名、编号、单位）、库房位置、入库弹药数量、弹药入库时间、入库弹药信息（厂家、类型、型号、日期、编号）。

（4）火箭弹出省库

市县人员到省级弹药库领取火箭弹时，省库保管人员刷出库身份卡，启动出库过程，火箭弹在运出库门时，库房管理控制系统通过弹体内的RFID标签自动记录火箭弹的身份标识号码，同时，所有的信息实时传输到省级指挥中心服务器。

火箭弹出库信息包括出库人员信息（姓名、编号、单位）、库房位置、出库弹药数量、弹药出库时间、出库弹药信息（厂家、类型、型号、日期、编号）。

（5）火箭弹运输（从省级弹药库到市县弹药库）

市县人员在运输车辆配备的弹药运输跟踪系统上刷运输身份卡，启动运输过程，车辆GPS信息实时上传到省级指挥中心服务器。

火箭弹运输信息包括弹药运输人员编号、弹药运输车辆编号（车号、单位、购买日期）、弹药运输过程中行车路线（经纬度、时间）、弹药运输起始位置、弹药运输到达位置、接收入库人员。

（6）火箭弹入市县库

弹药运抵市县弹药库后，市县库保管人员刷入库身份卡，启动入库过程，火箭弹在进入库门时，库房管理控制系统通过弹体内的RFID标签自动记录火箭弹的身份标识号码，同时，所有的信息实时传输到省级指挥中心服务器。

火箭弹入库信息包括入库人员信息（姓名、编号、单位）、库房位置、入库弹药数量、弹药入库时间、入库弹药信息（厂家、类型、型号、日期、编号）。

（7）火箭弹出市县库

作业人员到市县弹药库领取火箭弹时，市县库保管人员刷出库身份卡，启动出库过程，火箭弹在运出库门时，库房管理控制系统通过弹体内的RFID标签自动记录火箭弹的身份标识号码，同时，所有的信息实时传输到省级指挥中心服务器。

火箭弹出库信息包括出库人员信息（姓名、编号、单位）、库房位置、出库弹药数量、弹药出库时间、出库弹药信息（厂家、类型、型号、日期、编号）。

(8)火箭弹运输(从市县弹药库到作业点)

作业人员在运输车辆配备的弹药运输跟踪系统上刷运输身份卡,启动运输过程,车辆 GPS 信息实时上传到省级指挥中心服务器。

火箭弹运输信息包括弹药运输人员编号、弹药运输车辆编号(车号、单位、购买日期)、弹药运输过程中行车路线(经纬度、时间)、弹药运输起始位置、弹药运输到达位置、准备发射人员。

(9)火箭弹发射

到达作业点后,作业人员将火箭作业信息采集系统连接到火箭弹发射装置上,装填火箭弹并进行检测,如果检测正常则申请作业空域,待空域得到批准后实施发射,此时火箭采集系统自动将火箭弹发射的有关参数发送到省级指挥中心服务器。

火箭弹发射信息包括作业仰角、作业方位角、作业时刻、作业火箭数量、作业位置经纬度坐标、作业火箭型号编号、发射人员信息。

(10)信息纠错

针对贵州山区地形特点,在整个弹药跟踪的过程中,为避免因信号问题丢失上传数据,网络通畅时,除下位机主动上传未上传数据外,上位机还可主动向下位机索要下位机存储单元的全部历史数据,确保省级指挥中心信息完整。

第6章 小 结

6.1 主要成果

贵州省人工影响天气业务系统融汇国内外人工影响天气作业云系研究及贵州在山区人工防雹增雨方面的最新研究成果，面向各级作业指挥的不同技术需求，将业务、科研和管理三重功能融为一体，建立省—市—县—炮站四级技术标准统一、简便实用的业务流程，并将业务体系建设系统化、产品化、成果化，积极推动在全省范围的推广应用。

（1）关键技术

①云降水精细化分析处理技术在贵州山区的应用研究；

②省、市、县、炮站四级人工影响天气指挥集成技术研究；

③人工影响天气作业空域申报及弹药管理安全技术研究。

（2）科技成果

依托系统建设凝练的"贵州省人工影响天气业务体系关键技术研究及应用"科技成果，经贵州省科技厅组织的专家鉴定，在人工影响天气业务体系的关键技术研究领域处于国内领先水平。其中，复杂地形下人工防雹作业监测预警指挥和信息发布技术在国内属于首创，云降水精细化分析处理技术的应用研究处于国内领先，构建省—市—县—炮站四级人工影响天气一体化业务集成平台在国内具有独创性，基于物联网技术实现对每一枚弹药从入库、出库到作业的全过程进行智能化跟踪处于国内领先。

（3）推广应用

①建成省、市（州）、县三级人影业务平台，构建了省—市—县—炮站四级业务体系及流程，提升了人影业务能力；

②开展针对电力和烟草的科学化、专业化人工影响天气服务，效益明显；

③开展现代高效农业示范园区联动增雨防雹作业，成效显著；

④开展国家级新型作业装备人工防雹增雨业务试验。

(4)经济效益和社会效益

通过实施人工影响天气业务体系关键技术的研究及应用工作,贵州省年平均增雨量从 25 亿 t 提高到 32 亿 t,防雹有效率从 82% 上升到 91.6%,空域批复率从 80% 提高到 92.4%,人工影响天气工作在服务地方社会经济建设中取得了显著的成绩,得到省委、省人民政府、中国气象局及相关行业的高度认可。

6.2 未来发展

贵州省人工影响天气业务系统集成建设目前正处于发展的关键阶段,前期已取得显著的成效,但在气象现代化建设的背景下,还必须把握住业务发展的前沿,站在人工影响天气科学技术发展的高度,使各部分子系统服从人工影响天气业务发展的总体要求,既能实现各个阶段的功能需求,又充分考虑系统的开放性和延伸性,不断提升科技含量和业务适用性。

(1)作业决策分析系统已经形成云降水精细化分析平台的架构,在人工增雨方面具备比较全面的功能,产品也很丰富,但在人工防雹方面,尤其是对雷达资料的应用和对人工防雹作业的效果检验还需进一步完善。

(2)作业指挥与信息共享平台的主要流程已经形成,可实现将作业决策分析系统生成的指导产品、作业预警、作业参数向有关对象进行分发,但各模块功能还不够精细,需进一步加强平台的开放性、灵活性和兼容性,能满足省、市、县、炮站不断更新的用户个性化功能需求。

(3)作业空域管理系统在贵州实现了人工影响天气部门与民航空域管制部门的网络化连接,但由于空域管制的业务特殊性,军航空域管制部门的相关工作还未取得实质进展,下一步应在这方面予以深入推进。

参考文献

[1] 胡志晋，王广河，王雨增.人工影响天气工程系统 [J].中国工程科学，2000，2（7）：87-91.

[2] 周毓荃，张存.河南省新一代人工影响天气业务技术系统的设计、开发和应用 [J].应用气象学报，2001，12（增刊）：173-184.

[3] 陈怀亮，邹春辉，周毓荃.人影决策指挥地理信息平台的建立和应用 [J].南京气象学院学报，2002，25（2）：265-270.

[4] 王以琳，黄磊.地市级人工影响天气业务技术系统 [J].气象科技，2007，35（4）：535-540.

[5] 王以琳，张新华，贾斌，等.地面人影作业决策指挥系统建设的技术问题探讨 [J].气象科技，2011，39（4）：502-506.

[6] 王以琳，李德生，刘诗军，等.省市县三级人工影响天气作业指挥体制探讨 [J].气象科技，2010，38（3）：383-388.

[7] 张萍.人工增雨防雹作业通讯信号质量分析 [J].贵州气象，2009，33（5）：34-35.

[8] 黄毅梅，周毓荃，鲍向东，等.人工影响天气高炮（火箭）作业空域自动化申报系统 [J].气象科技，2006，34（3）：301-305.

[9] 罗俊颉，贺文彬，田显，等.人工影响天气作业对空射击信息管理系统研发与应用 [J].气象科技，2013，41（1）：165-169.

[10] 杨凡，孙琪，丁峰，等.基于SPOT卫星影像的火箭安全通道图的制作 [J].山东气象，2009，29（3）：35-36.

[11] 罗健飞，吴宝元，申飞，等.支持笔交互的手写设备设计与实现 [J].仪器仪表学报，2012，33（9）：2115-2124.

[12] 杨帆，赵东东.基于Android平台的WiFi定位 [J].电子测量技术，2012，35（9）：116-124.

[13] 吕琼莹，刘晗，王晓博，等.基于物联网模式的远程无线供水系统的应用 [J]. 国外电子测量技术，2012，31（10）：30-34.

[14] 樊昌元，母夏宇，李东，等.气象炮射作业前端装置设计 [J]. 电子测量与仪器学报，2007（增刊）：690-693.

[15] 李东，郭维波，樊昌元，等.气象炮射检测系统设计 [J]. 微计算机信息，2009，25（23）：10-11.

[16] 张清，何金伟，魏旭辉.人工影响天气作业决策指挥系统解决方案 [J]. 安徽农业科学，2009，37（15）：7301-7302.

[17] 张瑞波.广西人影作业指挥手机短信发送平台的研制 [J]. 广西气象，2006，27（2）：35-36.